DEIN COACH ZUM ERFOLG!

Dein ActiveBook auf My**STARK**:

Du kannst auf alle digitalen Inhalte zu diesem Band online zugreifen. Registriere dich dazu unter **www.stark-verlag.de/mystark** mit deinem **persönlichen Zugangscode:**

C06100-009451

Die Inhalte dieser Auflage stehen bis Schuljahresende zur Verfügung.

MySTARK

Das ActiveBook *bietet dir:*

- Viele zusätzliche interaktive Übungsaufgaben zu allen prüfungsrelevanten Kompetenzbereichen
- Sofortiges Feedback und Auswertung der Ergebnisse
- Interaktive Lösungen: in kleinen Schritten zum Ergebnis
- Vorgerechnete Beispiele als weitere Hilfe

DEIN COACH ZUM ERFOLG!

So kannst du interaktiv lernen:

Interaktive Aufgaben

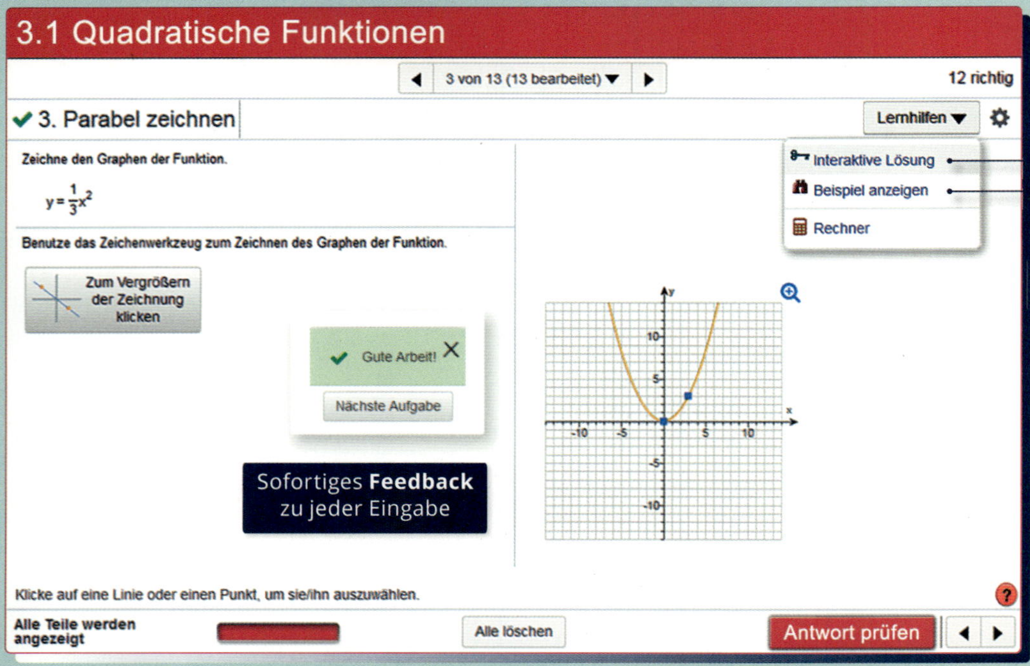

Interaktive Lösung mit kleinschrittiger Anleitung zu jeder Aufgabe

Vorgerechnetes **Beispiel** zu jeder Aufgabe

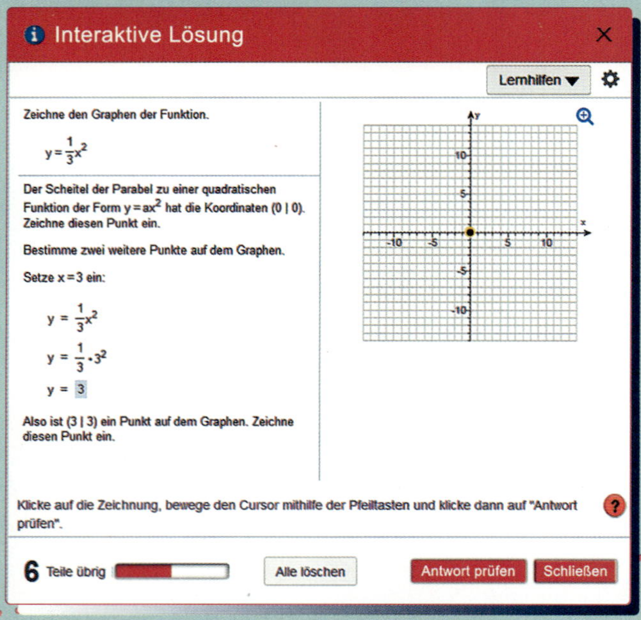

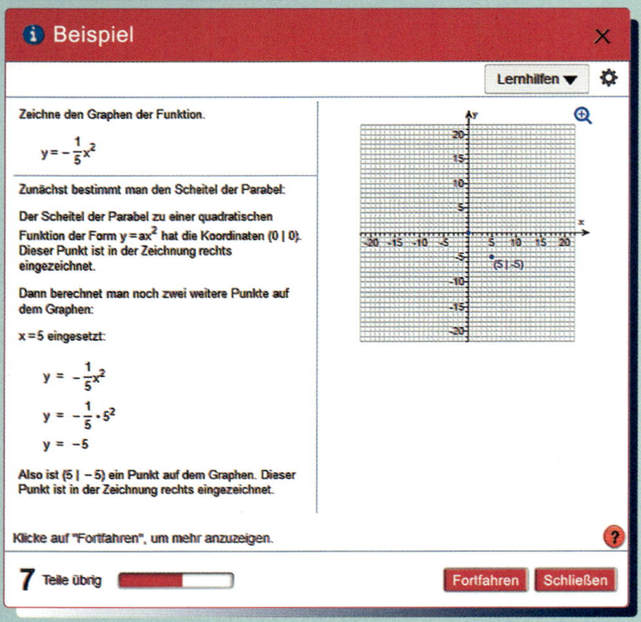

Systemvoraussetzungen:

- Mindestens 1024×768 Pixel Bildschirmauflösung
- Chrome, Firefox oder ähnlicher Webbrowser
- Internetzugang

2023

Realschule

Original-Prüfungsaufgaben
und Training

Hessen

Mathematik

Mika

STARK

19. ergänzte Auflage
www.stark-verlag.de

Inhalt

Sobald die Original-Prüfungsaufgaben 2022 freigegeben sind, können sie als PDF auf der Plattform MyStark heruntergeladen werden (Zugangscode vgl. Farbseiten vorne im Buch).

Zu allen Aufgaben gibt es ausführliche Lösungen, die jeden Rechenschritt enthalten, im Lösungsband (Best.-Nr.: C06100L) aus dem Stark Verlag.

ActiveBook Interaktives Training

Dieses Buch enthält ein ActiveBook: Du kannst mit dem **Interaktiven Training** online mit vielen zusätzlichen interaktiven Aufgaben zu allen prüfungsrelevanten Kompetenzbereichen trainieren.

Die **interaktiven Aufgaben** sind im Buch mit diesem Button gekennzeichnet. Am besten gleich ausprobieren!

Ausführliche Infos inkl. Zugangscode findest du auf den **Farbseiten** vorne in diesem Buch.

Autorin und Autor: Simone Studebaker und Siegfried Koch

Vorwort

Liebe Schülerin, lieber Schüler,

dieses Übungsbuch richtet sich an alle, die sich gezielt auf die Abschlussprüfung Mathematik an der Realschule in Hessen vorbereiten wollen.

Im **Trainingsteil** ist das für die Prüfung benötigte **Grundwissen** zusammengefasst. Zu jedem Thema gibt es **Aufgaben**, mit denen du prüfen kannst, ob du den betreffenden Stoff schon beherrschst oder noch einmal gründlich wiederholen solltest.

Die anschließenden **Vermischten Übungsaufgaben** sind – wie in der Prüfung – nach Pflichtaufgaben und Wahlaufgaben getrennt. Diese Übungsaufgaben sind den schriftlichen Prüfungsaufgaben ähnlich und verbinden verschiedene Themenbereiche. Der Aufgabenblock P (Pflichtaufgaben) beinhaltet mathematische Grundlagen, die fast alle bis zur 9. Klasse behandelt worden sind. Der Aufgabenblock W (Wahlaufgaben) enthält komplexere Aufgaben. Hier sind Kreativität und logisches Denken gefragt. Wenn du diese Aufgaben beherrschst, hast du einen wesentlichen Teil deiner Vorbereitung für die Prüfung bewältigt.

Im letzten Teil, den offiziellen, vom hessischen Kultusministerium gestellten Prüfungsaufgaben aus den **Abschlussprüfungen 2015 bis 2021**, kannst du testen, wie gut du bei den Prüfungen der vergangenen Jahre abgeschnitten hättest.
Die **Abschlussprüfung 2022** steht dir auf der Plattform MyStark zum Download zur Verfügung (Zugangscode vgl. Farbseiten vorne im Buch).
Zusätzlich kannst du mithilfe der QR-Codes im Buch kurze Lernvideos zu einigen wichtigen prüfungsrelevanten Themen aufrufen.

Zu allen Aufgaben dieses Buches findest du die von erfahrenen Lehrkräften erstellten, vollständigen **Lösungen** in einem separaten Buch (Bestellnummer C06100L). Besonderer Wert wurde dort auf Lösungsansätze und Vorüberlegungen, wie Skizzen, gelegt. Deshalb haben wir auch grau markierte **Hinweise und Tipps** aufgenommen. Die Hinweise helfen dir, die Aufgabe allein zu rechnen. Gerade wenn du nicht sofort weißt, wie du auf die Lösung kommen kannst, schau dir die Tipps an, die dir den Lösungsansatz zeigen. Versuche dann, allein zu rechnen. Im Allgemeinen ist nur eine Lösungsmöglichkeit angegeben, doch sind in manchen Fällen auch andere Lösungswege möglich.

Sollten nach Erscheinen dieses Bandes noch wichtige Änderungen in der Abschlussprüfung 2023 vom Kultusministerium bekannt gegeben werden, findest du aktuelle Informationen dazu ebenfalls auf der **Plattform MyStark**.

Wie arbeitest du am effektivsten mit dem Buch?

Eine Prüfungsvorbereitung ist eine längerfristige Angelegenheit. Du solltest also zeitig mit dem Arbeiten beginnen.

Du brauchst dieses Buch nicht in einem Zug durchzuarbeiten. Teile es lieber in überschaubare Abschnitte und arbeite regelmäßig Abschnitt für Abschnitt durch.

Rechne jede Aufgabe schriftlich und schreibe deine Lösung übersichtlich auf. Lege dir dazu ein eigenes DIN-A4-Heft an. So kannst du auch später überprüfen, wo du noch Schwachstellen beheben solltest. Gezieltes Wiederholen kannst du dann leicht organisieren.

Vergleiche die Lösungen erst, nachdem du die Aufgabe selbst bewältigt hast. Hier ist Ehrlichkeit gefragt, damit du dich nicht selbst betrügst und dir damit schadest. Solltest du mit einer Aufgabe absolut nicht fertig werden, dann kannst du dir immer noch den Lösungsweg anschauen oder auch deine Lehrkraft fragen.

Als Abschlusstest löst du die Prüfung des letzten Jahrganges. Nun kannst du selbst feststellen, ob du mit ruhigem Gewissen in die Abschlussprüfung gehen kannst. Wenn nicht, dann wiederhole besonders die Aufgaben, die du im ersten Durchgang falsch gelöst hast. Beim zweiten oder dritten Mal Lösen der Musteraufgaben wirst du selbst merken, dass du große Fortschritte gemacht hast.

Mit den besten Wünschen für deine Prüfung!

Dieses Buch enthält eine Auswahl an **Lernvideos** zu prüfungsrelevanten Themen mit einer Länge von ca. 3 bis 6 Minuten. Mit dem **QR-Code** links, der mit einem Smartphone oder Tablet gescannt werden kann, rufst du eine Übersichtsseite mit allen Lernvideos auf. Zu den meisten Videos gibt es zusätzlich eine interaktive **GeoGebra-Datei**, mit der du das dargestellte Thema selbst erkunden kannst.
Um dein Datenvolumen nicht unnötig zu verbrauchen, empfehlen wir dir, beim Ansehen der Videos eine WLAN-Verbindung zu nutzen. Falls du keine Möglichkeit zum Scannen des QR-Codes hast, kannst du die Videos und GeoGebra-Dateien auch mit dem PC unter folgender URL aufrufen: **https://qrcode.stark-verlag.de/61500_lernvideos**
Zusätzlich findest du auch an den entsprechenden Stellen im Training Grundwissen einen QR-Code zum passenden Video. Alle Videos können außerdem über die Plattform MyStark heruntergeladen werden.

Hinweise zur Prüfung

Die Prüfung besteht aus Pflichtaufgaben und Wahlaufgaben. Die **Pflichtaufgaben** müssen alle gerechnet werden. Von den **Wahlaufgaben** sind zwei Aufgaben zu bearbeiten. Die Bearbeitungszeit beträgt **135 Minuten.**

Erlaubte Arbeitsmittel sind:

a. Geodreieck und Zirkel
b. ein technisch-wissenschaftlicher Taschenrechner (nicht programmierbar und nicht grafikfähig)
c. Formelsammlung ohne Musterbeispiele und persönliche Anmerkungen

Beim Rechnen von Aufgaben mit Maßeinheiten können die Einheiten entweder in der gesamten Rechnung mitgeführt oder komplett weggelassen werden. Das Ergebnis **muss** mit der richtigen Einheit/Dimension angegeben werden.

Antwortsätze sind dann zu formulieren, wenn dies ausdrücklich verlangt ist.

Alle Rechenwege müssen bis zum Ergebnis nachvollziehbar sein.

Wird in den Rechnungen der Wert für π benötigt, so ist auf dem Taschenrechner die π-Taste zu benutzen. Es darf nicht mit einem ungenaueren Näherungswert (z. B. 3,14) gerechnet werden.

Zwischenergebnisse können gerundet angegeben werden, es muss jedoch mit den **exakten** Zwischenergebnissen weitergerechnet werden. Die Endergebnisse sind sinnvoll zu runden. In den Aufgabenstellungen ist in der Regel angegeben, auf wie viele Stellen die Ergebnisse gerundet werden sollen.

Training Grundwissen

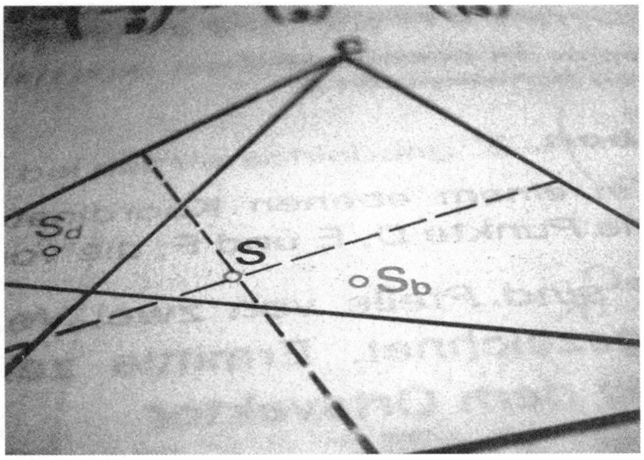

Bildnachweis
Deckblatt: www.photocase.de
S. 13, 53: Redaktion
S. 14: Keller, Hannes, Niederglatt/ www.visipix.com

Training Grundwissen

1. Grundrechenarten

Addition:	Summand 3	+ +	Summand 7	= =	Summe 10
Subtraktion:	Minuend 9	– –	Subtrahend 6	= =	Differenz 3
Multiplikation:	Faktor 3	· ·	Faktor 9	= =	Produkt 27
Division:	Dividend 48	: :	Divisor 8	= =	Quotient 6

Aufgaben

1. Ergänze die fehlenden Ziffern.

a)
$$\begin{array}{rrrrrrr} & & \_ & 5 & \_ & 7 & 8 \\ + & & 3 & \_ & 7 & 5 & \_ \\ \hline & & 6 & 2 & 1 & \_ & 3 \end{array}$$

b)
$$\begin{array}{rrrrrrrr} & & 3 & \_ & 6 & 7 & \_ & 3 \\ + & & \_ & 8 & \_ & 0 & 9 & 6 \\ \hline & 1 & 0 & 9 & 5 & \_ & 9 & \_ \end{array}$$

2. Ergänze die fehlenden Ziffern.

a)
$$\begin{array}{rrrrrr} & 7 & \_ & 8 & \_ & 2 \\ - & \_ & 3 & 6 & 6 & \_ \\ \hline & 6 & 2 & \_ & 8 & 9 \end{array}$$

b)
$$\begin{array}{rrrrrrr} & 1 & \_ & 3 & \_ & 6 & 9 \\ - & & 3 & 1 & 6 & 7 & \_ \\ \hline & & 7 & \_ & 1 & \_ & 2 \end{array}$$

3. Ergänze die fehlenden Ziffern.

a)
$$\begin{array}{l} 5\ \_\ 3 \cdot 4\ \_ \\ \hline \quad \_\ 0\ 9\ \_ \\ \qquad \_\ \_\ 6\ \_ \\ \hline \quad 2\ \_\ \_\ \_\ 1 \end{array}$$

b)
$$\begin{array}{l} 6\ 8\ \_ \cdot \_\ 5\ \_ \\ \hline \qquad 6\ \_\ 9 \\ \qquad \_\ \_\ \_\ \_ \\ \qquad\quad \_\ \_\ \_\ 6 \\ \hline \quad \_\ \_\ \_\ \_\ \_\ \_ \end{array}$$

4. Ergänze die fehlenden Ziffern.

a) _ _ 6 _ _ : 5 _ = 3 _ _
_ _ 1
2 _ 0
_ _ _
_ _ _
_ _ _
0

b) 3 _ 3 _ _ : _ 3 = _ _ _
_ _ 1
1 _ _
_ _
_ 4 _
_ _ _
0

5. Subtrahiere den Quotienten von 708 und 12 vom Produkt der Zahlen 23 und 68.

6. Subtrahiere 117 von der Summe der Zahlen 236 und 379 und multipliziere das Ergebnis mit 9.

Interaktive Aufgaben

1. Term aufstellen
2. Satz wählen

---

2. Brüche

$\frac{3}{5}$ — 3: Zähler; Bruchstrich; 5: Nenner

Bei einem echten Bruch ist der Zähler immer kleiner als der Nenner.

Beispiel:
$\frac{1}{2}; \frac{2}{9}; \frac{33}{37}; \ldots$

Bei einem unechten Bruch ist der Zähler größer oder gleich dem Nenner.

Beispiel:
$\frac{3}{2}; \frac{5}{5}; \frac{8}{7}; \ldots$

Umwandlung eines unechten Bruchs in eine gemischte Zahl und umgekehrt

Multipliziere die Ganzen mit dem Nenner des Bruches und addiere den Zähler. So erhältst du den Zähler des unechten Bruches. Der Nenner bleibt gleich.

Beispiel:
$4\frac{1}{2} = \frac{4 \cdot 2 + 1}{2} = \frac{9}{2}$

Wenn der Zähler eines Bruches größer als der Nenner ist, lässt sich die Summe als gemischte Zahl schreiben, indem man die Ganzen herauszieht.

Beispiel:
$\frac{29}{5} = \frac{25}{5} + \frac{4}{5} = 5 + \frac{4}{5} = 5\frac{4}{5}$

Kürzen und Erweitern von Brüchen

Brüche werden erweitert, indem man Zähler und Nenner mit derselben Zahl multipliziert.

Beispiel:

$\frac{4}{5}$ *mit 3 erweitern*

$$\frac{4\cdot 3}{5\cdot 3}=\frac{12}{15}$$

Brüche werden gekürzt, indem man Zähler und Nenner durch dieselbe Zahl dividiert.

Beispiel:

$\frac{85}{125}$ *mit 5 kürzen*

$$\frac{85:5}{125:5}=\frac{17}{25}$$

Addition und Subtraktion

– **gleichnamige Brüche** (gleiche Nenner)

1. Zähler werden addiert bzw. subtrahiert
2. Gemeinsamer Nenner wird beibehalten

Beispiel:

$$\frac{3}{7}+\frac{11}{7}+\frac{9}{7}+\frac{1}{7}=\frac{3+11+9+1}{7}=\frac{24}{7}=3\frac{3}{7}$$

$$\frac{17}{5}-\frac{3}{5}-\frac{8}{5}=\frac{17-3-8}{5}=\frac{6}{5}=1\frac{1}{5}$$

– **ungleichnamige Brüche** (verschiedene Nenner)

1. Hauptnenner (k. g. V.) bilden
2. Zähler entsprechend erweitern
3. Zähler addieren bzw. subtrahieren
4. Ergebnis, wenn möglich, kürzen und in eine gemischte Zahl umwandeln

Beispiele:

$$\frac{3}{4}+\frac{5}{8}=\frac{6}{8}+\frac{5}{8}=\frac{6+5}{8}=\frac{11}{8}=1\frac{3}{8}$$

$$\frac{12}{5}-\frac{1}{10}-\frac{3}{20}=\frac{48}{20}-\frac{2}{20}-\frac{3}{20}=\frac{43}{20}=2\frac{3}{20}$$

$$\frac{11}{12}-\frac{2}{3}=\frac{11}{12}-\frac{8}{12}=\frac{3}{12}\overset{:3}{=}\frac{1}{4}$$

$$5\frac{1}{3}+7\frac{5}{6}=\frac{16}{3}+\frac{47}{6}=\frac{32}{6}+\frac{47}{6}=\frac{79}{6}=13\frac{1}{6}$$

Hinweis: Man kann auch die Ganzen und die Brüche getrennt addieren.

$$5\frac{1}{3}+7\frac{5}{6}=5+7+\frac{1}{3}+\frac{5}{6}=12+\frac{2}{6}+\frac{5}{6}=$$

$$=12+\frac{7}{6}=13\frac{1}{6}$$

Multiplikation von Brüchen

Wandle gemischte Zahlen in Brüche um.
Brüche werden multipliziert, indem man Zähler mit Zähler und Nenner mit Nenner multipliziert.
Falls möglich, sollte vor der Multiplikation gekürzt werden.

Beispiele:

$$\frac{\cancel{4}^{1}}{\cancel{7}_{1}}\cdot\frac{\cancel{14}^{\cancel{2}^{1}}}{\cancel{32}_{8}}\cdot\frac{1}{\cancel{4}_{2}}=\frac{1}{16}$$

$$2\frac{3}{5}\cdot 3\frac{1}{6}=\frac{13}{5}\cdot\frac{19}{6}=\frac{247}{30}=8\frac{7}{30}$$

Division von Brüchen

Wandle gemischte Zahlen in Brüche um. Brüche werden dividiert, indem man den Dividenden (erster Bruch) mit dem Kehrwert des Divisors (zweiter Bruch) multipliziert.

Beispiel:

$$\frac{3}{4}:\frac{6}{5}=\frac{\cancel{3}^{1}}{4}\cdot\frac{5}{\cancel{6}_{2}}=\frac{5}{8}$$

$$6\frac{1}{2}:2\frac{3}{4}=\frac{13}{2}:\frac{11}{4}=\frac{13}{\cancel{2}_{1}}\cdot\frac{\cancel{4}^{2}}{11}=\frac{26}{11}=2\frac{4}{11}$$

$$\frac{7}{3}:\frac{1}{15}=\frac{7}{\cancel{3}_{1}}\cdot\frac{\cancel{15}^{5}}{1}=35$$

Dezimalbrüche

Folgende Brüche und ihre Dezimalzahlen solltest du auswendig lernen:

$\frac{1}{10}=0,1$ $\quad\frac{2}{10}=0,2$ $\quad\frac{3}{10}=0,3$ $\quad\ldots$

$\frac{1}{5}=0,2$ $\quad\frac{2}{5}=0,4$ $\quad\frac{3}{5}=0,6$ $\quad\ldots$

$\frac{1}{4}=0,25$ $\quad\frac{2}{4}=\frac{1}{2}=0,5$ $\quad\frac{3}{4}=0,75$

$\frac{1}{3}=0,333\ldots=0,\overline{3}$ $\quad\frac{3}{2}=1,5$

Addition und Subtraktion von Dezimalbrüchen

Hinweis: Komma unter Komma!

Beispiel:

$341,35+5024,16+4,98=$

$$\begin{array}{rr} & 341,35 \\ + & 5024,16 \\ + & 4,98 \\ \hline & \underline{\underline{5370,49}} \end{array}$$

$14321,8-5413,171-13,01=$

$$\begin{array}{rr} & 14321,800 \\ - & 5413,171 \\ - & 13,010 \\ \hline & \underline{\underline{8895,619}} \end{array}$$

Multiplikation von Dezimalbrüchen

Hinweis: Das Produkt hat so viele Kommastellen wie die Faktoren zusammen.

Beispiel:

$14,19\cdot 7,4=105,006$

$425,125\cdot 0,31=131,78875$

Division von Dezimalbrüchen

Hinweis: Im Divisor darf kein Komma vorkommen. Deshalb wird das Komma bei beiden Zahlen um so viele Stellen nach rechts verschoben, bis der Divisor eine natürliche Zahl ist.

Beispiel:

$4,875:1,5$

$48,75:15=3,25$

Aufgaben

7. Wandle in eine gemischte Zahl um.

a) $\frac{63}{29}$ b) $\frac{109}{26}$ c) $\frac{319}{39}$ d) $\frac{237}{44}$

8. Wandle in einen unechten Bruch um.

a) $1\frac{27}{35}$ b) $2\frac{3}{17}$ c) $12\frac{2}{3}$ d) $9\frac{7}{8}$

9. Erweitere jeweils mit der in Klammern angegebenen Zahl.

a) $\frac{2}{3}$ (13) b) $\frac{13}{24}$ (7) c) $\frac{6}{17}$ (11) d) $\frac{19}{26}$ (8)

10. Kürze so weit wie möglich.

a) $\frac{51}{119}$ b) $\frac{104}{182}$ c) $3\frac{75}{135}$ d) $5\frac{84}{189}$

11. Berechne.

a) $1\frac{7}{8}-\frac{9}{8}$ b) $3\frac{2}{15}+1\frac{7}{15}$ c) $1\frac{13}{28}+\frac{17}{28}$ d) $4\frac{2}{9}-2\frac{5}{9}$

12. Berechne.

a) $\frac{2}{15}+1\frac{1}{6}-\frac{1}{4}$ b) $5\frac{6}{7}-2\frac{13}{14}-1\frac{8}{21}$ c) $1\frac{3}{8}+2\frac{5}{6}+3\frac{1}{4}$ d) $3\frac{2}{5}-1\frac{7}{22}+1\frac{7}{10}$

13. Berechne.

a) $\frac{7}{18}\cdot\frac{24}{35}$ b) $\frac{144}{145}:\frac{18}{29}$ c) $\frac{22}{51}\cdot\frac{34}{77}$ d) $\frac{3}{14}:\frac{9}{49}$

14. a) $\left(1\frac{5}{6}-\frac{7}{12}+2\frac{2}{9}\right)\cdot\frac{63}{125}$

b) $\left(2\frac{7}{15}-1\frac{5}{6}\right):\left(2\frac{3}{7}+\frac{1}{4}\right)$

c) $\left(3\frac{7}{26}\cdot1\frac{9}{17}\right):\left(2\frac{4}{13}:1\frac{2}{3}\right)$

Interaktive Aufgaben

1. Umwandlung in unechten Bruch
2. Umwandlung in gemischte Zahl
3. Erweitern
4. Kürzen
5. Addition und Subtraktion
6. Multiplikation
7. Division

3. Rationale Zahlen

Betrag einer Zahl

Als Betrag bezeichnet man eine Zahl ohne Vorzeichen.

Beispiel:
+5 und –5 haben den Betrag 5.

Addition rationaler Zahlen

– **zwei negative rationale Zahlen**

Das Vorzeichen bleibt negativ.
Die Beträge werden addiert.

Beispiel:
$(-17,9)+(-42,8)=-60,7$

– **einer positiven und einer negativen rationalen Zahl**

Das Ergebnis erhält das Vorzeichen des Summanden mit dem größeren Betrag. Der kleinere Betrag wird vom größeren Betrag subtrahiert.

Beispiele:
$(+78,2)+(-89,7)=-11,5$
$(+114,1)+(-97,4)=+16,7$

Subtraktion rationaler Zahlen

Die Subtraktion erfolgt durch die Addition der Gegenzahl.

Beispiel:
$(+26,8)-(+12,5)=(+26,8)+(-12,5)$
$=+14,3$

Multiplikation und Division rationaler Zahlen

Es gelten folgende Vorzeichenregeln:

Multiplikation	Division
+ · + = +	+ : + = +
– · – = +	– : – = +
+ · – = –	+ : – = –
– · + = –	– : + = –

Treffen bei Multiplikation oder Division zwei gleiche Vorzeichen aufeinander, so ist das Ergebnis positiv, bei verschiedenen Vorzeichen ist das Ergebnis negativ.

Beispiele:
$2,86\cdot(-4,8)=-13,728$
$(-16,4):(-4,1)=+4$
$(-11,21)\cdot(-3,25)=+36,4325$
$(-55,5):5=-11,1$
$(-2,1)\cdot 3,81\cdot(-4)=+32,004$
$\left(-\frac{2}{3}\right)\cdot\frac{9}{14}=-\left(\frac{\cancel{2}^{1}}{\cancel{3}_{1}}\cdot\frac{\cancel{9}^{3}}{\cancel{14}_{7}}\right)=-\frac{3}{7}$

Aufgaben

15. a) $(-137,2)+(-83,5)=$

b) $(-29,7)-(-26,8)=$

c) $105,8-(+17,6)+(-28,7)=$

d) $(-37,9)-(+18,6)-(-12,8)=$

e) $23,7+(+36,1)-(-9,2)=$

16. a) $(-12{,}87)\cdot(+3{,}6)=$

b) $(-9{,}2)\cdot(-17{,}8)=$

c) $(-1{,}2)\cdot(-3{,}8)\cdot(-4{,}2)=$

d) $(-12{,}6):(+4{,}2)=$

e) $(-299{,}72):(-12{,}7)=$

17. a) $(-17{,}2)-(8{,}6)\cdot(-2{,}3)=$

b) $(-16{,}4):(+4{,}1)+(-22{,}79):(-5{,}3)=$

c) $(-2{,}8)\cdot(-7{,}5)+(-41{,}6):(-5{,}2)=$

d) $282{,}2-(-3{,}7)\cdot(-5{,}8)+(+25{,}5):(-5{,}1)=$

e) $[(17{,}3)-(-9{,}8)]\cdot[(+10{,}4):(-1{,}3)]=$

18. a) $\left(-\frac{6}{7}\right)\cdot\left(1\frac{1}{6}\right)=$

b) $\left(-1\frac{7}{33}\right):\left(-2\frac{2}{3}\right)=$

c) $\left(-\frac{3}{14}\right)\cdot\left(-\frac{7}{18}\right):\left(-\frac{7}{24}\right)=$

d) $\frac{2}{3}-\left(-\frac{13}{17}\right)\cdot\left(1\frac{8}{9}\right)=$

e) $13\frac{1}{2}+\left(2\frac{1}{5}\right)\cdot\left(-3\frac{1}{3}\right)=$

Interaktive Aufgaben

1. Subtrahieren
2. Multiplizieren/Dividieren
3. Punkt- und Strichrechnung
4. Zusammenfassen

4. Potenzen

a^n a: Basis (Grundzahl)
n: Exponent (Hochzahl)

Der Exponent gibt an, wie oft die Basis als Faktor steht.

Beispiel:
$4^3 = 4 \cdot 4 \cdot 4 = 64$

Zehnerpotenzen

$10^0 = 1$

$10^1 = 10$ (Exponent 1, d. h. 1 Null)

$10^2 = 10 \cdot 10 = 100$ (Exponent 2, d. h. 2 Nullen)

$10^3 = 10 \cdot 10 \cdot 10 = 1000$ (Exponent 3, d. h. 3 Nullen)

Quadratzahlen

Wird eine Zahl mit sich selbst multipliziert, so erhält man das Quadrat der Zahl.

Die Quadrate der natürlichen Zahlen von 0 bis 20 solltest du auswendig lernen:

$0^2 = 0$	$11^2 = 121$
$1^2 = 1$	$12^2 = 144$
$2^2 = 4$	$13^2 = 169$
$3^2 = 9$	$14^2 = 196$
$4^2 = 16$	$15^2 = 225$
$5^2 = 25$	$16^2 = 256$
$6^2 = 36$	$17^2 = 289$
$7^2 = 49$	$18^2 = 324$
$8^2 = 64$	$19^2 = 361$
$9^2 = 81$	$20^2 = 400$
$10^2 = 100$	

$\sqrt{a}$ ist die nichtnegative Zahl, deren Quadrat a ist. Sie heißt Quadratwurzel aus a.

Hinweis: Das Wurzelziehen aus negativen Zahlen ist nicht zulässig.

Beispiele:

$\sqrt{25} = 5,$ denn $5^2 = 25$

$\sqrt{196} = 14,$ denn $14^2 = 196$

$\sqrt{0,36} = 0,6,$ denn $0,6^2 = 0,36$

$\sqrt{0} = 0,$ denn $0^2 = 0$

Große Zahlen werden häufig als Produkt aus einer Zahl zwischen 1 und 10 und einer Zehnerpotenz mit positivem Exponenten dargestellt:

Beispiele:

$3000000 = 3 \cdot 10^6$

$720000000 = 7,2 \cdot 10^8$

$35400000000 = 3,54 \cdot 10^{10}$

Kleine Zahlen werden häufig als Produkt aus einer Zahl zwischen 1 und 10 und einer Zehnerpotenz mit negativem Exponenten dargestellt:

Beispiele:

$0,000072 = 7,2 \cdot 10^{-5}$

$0,04 = 4 \cdot 10^{-2}$

$0,00035 = 3,5 \cdot 10^{-4}$

Potenzgesetze

1. Potenzen mit gleichen Basen werden multipliziert, indem man die Exponenten addiert und die Basis beibehält.
   $a^m \cdot a^n = a^{m+n}$

Beispiel:
$x^3 \cdot x^5 = x^{3+5} = x^8$

2. Potenzen mit gleichen Basen werden dividiert, indem man die Exponenten subtrahiert und die Basis beibehält.
   $\frac{a^m}{a^n} = a^{m-n}$

Beispiele:
$\frac{y^5}{y^2} = y^{5-2} = y^3$
$\frac{d^4}{d^{-2}} = d^{4-(-2)} = d^{4+2} = d^6$

3. Potenzen mit gleichen Exponenten werden multipliziert, indem man die Basen multipliziert und den Exponenten beibehält.
   $a^n \cdot b^n = (a \cdot b)^n$

Beispiele:
$a^3 \cdot x^3 = (ax)^3$
$4^2 \cdot 5^2 = (4 \cdot 5)^2 = 20^2 = 400$

4. Potenzen mit gleichen Exponenten werden dividiert, indem man die Basen dividiert und den Exponenten beibehält.
   $\frac{a^n}{b^n} = \left(\frac{a}{b}\right)^n$

Beispiele:
$\frac{x^5}{y^5} = \left(\frac{x}{y}\right)^5$
$\frac{4^x}{12^x} = \left(\frac{4}{12}\right)^x = \left(\frac{1}{3}\right)^x$

5. Potenzen werden potenziert, indem man die Exponenten multipliziert.
   $(a^m)^n = (a^n)^m = a^{m \cdot n}$

Beispiel:
$(x^2)^4 = x^{2 \cdot 4} = x^8$

Beachte folgende Festlegungen:
$(a \in \mathbb{R} \setminus \{0\}; n \in \mathbb{N})$:

$a^0 = 1$
$a^1 = a$
$a^{-n} = \frac{1}{a^n}$

Beispiele:
$5^0 = 1$
$18^0 = 1$
$5^1 = 5$
$10^1 = 10$
$2^{-3} = \frac{1}{2^3} = \frac{1}{8}$
$x^{-5} = \frac{1}{x^5}$
$\frac{1}{3^{-2}} = 3^2 = 9$
$1\frac{m}{s} = 1\,m \cdot s^{-1}$

Für Potenzen mit ganzzahligen Exponenten gelten dieselben Gesetze wie für Potenzen mit natürlichen Exponenten.
Wurzelziehen oder Radizieren ist die Umkehrung des Potenzierens.

Beispiel:
$\sqrt[4]{81} = 3$, denn $3^4 = 81$

Potenzen der Form $a^{\frac{1}{n}}$

$a^{\frac{1}{n}} = \sqrt[n]{a} \quad (a \in \mathbb{R}_+, n \in \mathbb{N} \setminus \{0\})$

Beispiele:
$9^{\frac{1}{2}} = \sqrt{9} = 3; \qquad 8^{\frac{1}{3}} = \sqrt[3]{8} = 2$

Potenzen der Form $a^{\frac{m}{n}}$

$a^{\frac{m}{n}} = \sqrt[n]{a^m} = (\sqrt[n]{a})^m$
$(a \in \mathbb{R}_+, m \in \mathbb{Z}, n \in \mathbb{N} \setminus \{0\})$

Beispiele:
$a^{\frac{2}{3}} = \sqrt[3]{a^2}$
$8^{\frac{2}{3}} = \sqrt[3]{8^2} = (\sqrt[3]{8})^2 = 2^2 = 4$

Aufgaben

19. Berechne.

a) $0{,}5^3$ b) $0{,}02^4$

c) $2{,}1^2$ d) $0{,}001^2$

e) $\sqrt{0{,}04}$ f) $\sqrt[4]{0{,}0256}$

g) $\sqrt[3]{0{,}027}$ h) $\sqrt[5]{0{,}00032}$

20. Schreibe als Produkt einer Zahl zwischen 1 und 10 und einer Zehnerpotenz.

a) 375 000 000 000 b) 83 920 000 000 000

c) 1 207 000 000 000 000 d) 0,000 000 123

e) 0,000 002 705 f) 0,000 000 012

21. Fasse zusammen.

a) $(a^7b^2c^4)\cdot(b^6a^9c^4)$ b) $(x^2y^4)\cdot(xy^7x^6)$

c) $(uv^3w)\cdot(vw^8)$

22. Schreibe ohne Klammern.

a) $(x^7y^2)^3$ b) $(a^2bc^3)^4\cdot(a^2b)^3$

c) $(u^4vw^3)^2\cdot(3u^2)^3$ d) $(2a^3b^2)^4\cdot(5ab^3)^3$

23. Vereinfache.

a) $(r^3s^{-1}t^2)^{-2}:(r^2t)^{-3}$ b) $(ab^3c^2)^2\cdot(a^{-3}b^5c^{-2})^5$

c) $\left(\frac{a^2b^{-1}c^3}{c^{-2}a^3b^2}\right)^2$ d) $\left(\frac{x^2y^{-3}}{xz^{-2}}\right)^{-2}:\left(\frac{y^3z^{-4}}{x^3}\right)^2$

e) $\left[\left(\frac{a^{-2}b}{c^4d^{-3}}\right)^5\right]^{-2}$

24. a) Vereinfache.

a) $(16a^4b^{12}c^{-8})^{\frac{1}{4}}$ b) $(729c^{15}d^{-6}e^{12})^{-\frac{1}{3}}$

c) $\sqrt[4]{256a^{16}b^{-20}c^{24}}$ d) $\sqrt[5]{243r^{-5}s^{15}\cdot 32t^{-20}}$

Interaktive Aufgaben

1. Zehnerpotenzen
2. Potenzen zusammenfassen
3. Potenzen vereinfachen

---

5. Proportionalität und Antiproportionalität

Dreisatz

Liegt eine Zuordnung vor, bei der die zweite Größe im gleichen Verhältnis wächst wie die erste Größe, dann sprechen wir von einer Proportionalität.

Beispiel:
1 ℓ Benzin kostet 1,08 €
2 ℓ Benzin kosten 2,16 €

Verdoppelt man die Warenmenge, dann verdoppelt sich auch der Preis.
Die Berechnung erfolgt über den Dreisatz:

Hinweis: An den Pfeilen muss immer die gleiche Rechenoperation durchgeführt werden.

Beispiel:
8 Rollen Tapete kosten 62,40 €.
Wie viel kosten 13 Rollen?

	Anzahl der Rollen	Preis in Euro	
: 8	8	62,40	: 8
· 13	1	7,80	· 13
	13	101,40	

13 Rollen Tapete kosten 101,40 €.

Liegt eine Zuordnung vor, bei der die erste Größe wächst und die zweite Größe im gleichen Verhältnis fällt, dann sprechen wir von einer Antiproportionalität.

Beispiel:
3 Pumpen benötigen zum Leeren eines Wasserbeckens 15 Stunden. Wie lange brauchen 5 Pumpen gleicher Leistung für dasselbe Becken?
Vergrößert man die Anzahl der Pumpen, verringert sich die Zeit im gleichen Verhältnis.
Die Berechnung erfolgt über den **Dreisatz**:

Hinweis: An den Pfeilen wird rechts immer die entgegengesetzte Rechenoperation durchgeführt.

	Anzahl der Pumpen	Zeit in Stunden	
: 3	3	15	· 3
· 5	1	45	: 5
	5	9	

5 Pumpen brauchen 9 Stunden.

Aufgaben

25. Ein Wagen verbraucht im Stadtverkehr 11,3 ℓ Benzin auf 100 km.
Wie viel Benzin verbraucht er auf 34 km?

26. 4 Tafeln Schokolade kosten 2,76 €.
Wie viel kosten 15 Tafeln der gleichen Schokolade?

27. Frau Mayer kauft 2 kg Äpfel und 3 kg Orangen und zahlt dafür 6,31 €. Herr Werner kauft ebenfalls 3 kg Orangen, aber 5 kg Äpfel und bezahlt 10,78 €. Was kostet ein kg Äpfel, was ein kg Orangen?

28. 3 Maschinen stellen bei 8 Stunden Betrieb 8 352 Stanzteile her. Wie viele Stanzteile stellen 7 Maschinen in 9 Stunden her?

29. 8 Arbeiter können einen Rohbau in 6 Arbeitstagen zu je 8 Stunden fertig stellen. Nach zwei Tagen werden zwei Arbeiter von dieser Baustelle abgezogen.
Wie lange dauert nun die Fertigstellung des Rohbaus noch, wenn die verbleibenden Arbeiter täglich 9 Stunden arbeiten?

30. Zwei Pumpen gleicher Leistung leeren ein Schwimmbecken in 12,5 Stunden.
Wie lange dauert das Leeren des Beckens, wenn nach 3 Stunden eine dritte Pumpe gleicher Leistung hinzugefügt wird?

Interaktive Aufgaben

1. Joghurt
2. Renovierung
3. Tabelle

6. Prozentrechnung

Beim Rechnen benötigen wir drei Begriffe:

Grundwert G (Ausgangswert; er entspricht immer 100 %)

Prozentsatz p % (immer zu erkennen am Prozentzeichen %)

Prozentwert P (ist ein Teil des Grundwertes)

Beispiel:
25 % von 1 000 m sind 250 m.
Grundwert G = 1 000 m
Prozentsatz p % = 25 %
Prozentwert P = 250 m

Folgende Prozentsätze werden häufig benutzt, daher solltest du sie auswendig lernen:
1 % vom Grundwert G ist der 100. Teil von G
10 % vom Grundwert G ist der 10. Teil von G
25 % vom Grundwert G ist der 4. Teil von G
$33\frac{1}{3}$ % vom Grundwert G ist der 3. Teil von G
50 % vom Grundwert G ist die Hälfte von G

Die Berechnung der einzelnen Werte erfolgt über den Dreisatz.

Berechne den Prozentwert P

Beispiel:
Ein Pkw kostet 21 500 €. Bei Barzahlung gibt der Händler 4 % Rabatt.
Wie viel Euro kann der Kunde sparen?

	Prozent	Preis	
: 100	100 %	21 500 €	: 100
· 4	1 %	215 €	· 4
	4 %	860 €	

860 € kann der Kunde bei Barzahlung sparen.

Berechne den Prozentsatz p %

Beispiel:
Bei einer Fahrt ins Schullandheim können von 27 Schülern 3 Schüler wegen Krankheit nicht teilnehmen.
Wie viel Prozent sind das?

	Anzahl der Schüler	Prozent	
: 27	27	100 %	: 27
· 3	1	≈ 3,7 %	· 3
	3	≈ 11,1 %	

Es konnten rund 11,1 % der Schüler nicht an der Fahrt teilnehmen.

Berechne den Grundwert G

Beispiel:
Ein Auszubildender spart jeden Monat 42,00 €.
Das sind 12 % seines Lohnes.
Wie hoch ist sein Monatslohn?

	Prozent	Geld	
: 12	12 %	42,00 €	: 12
· 100	1 %	3,50 €	· 100
	100 %	350,00 €	

Er hat einen Monatslohn von 350,00 €.

Aufgaben

31. Frau Wagner hat eine Kundenkarte in einem Dritte-Welt-Laden. Damit bekommt sie 3 % Rabatt auf alle Waren, die sie dort kauft. Heute kauft sie 100 g Tee zu 6,40 € und eine Handtasche zu 39,90 €.
Wie viel muss sie zahlen? Wie viel macht der Preisnachlass aus?

32. In einem Großmarkt kostet eine Waschmaschine einschließlich Mehrwertsteuer (19 %) 761,60 €.
Wie hoch ist der Preis ohne Mehrwertsteuer?

33. Frau Radke zahlt eine Handwerkerrechnung innerhalb von 7 Tagen und erhält dadurch 2 % Skonto. Damit spart sie 152,60 €.
Wie hoch war der Rechnungsbetrag?

34. Im Herbst kostet ein Wintermantel 495,00 €. Da er Ende Dezember immer noch nicht verkauft ist, wird sein Preis um 10 % gesenkt. Ende Januar hängt der Mantel immer noch im Geschäft. Nun wird sein Preis nochmals gesenkt; er kostet jetzt nur noch 334,00 €.

a) Wie viel Prozent des ursprünglichen Preises beträgt der Endpreis im Januar?

b) Wie viel kostete der Mantel Ende Dezember?

c) Um wie viel Prozent wurde der Dezemberpreis im Januar gesenkt?

35. Bei der Kommunalwahl 2001 gab es in Bad Salzschlirf folgende Anzahl von Wahlberechtigen bzw. Wählern:

Nr.	Wahllokal	Wahl-berechtigte	Wähler
1	Grundschule	1218	527
2	Haus des Gastes	1248	635
B1	Briefwahl	–	258
	gesamt		

a) Vervollständige die Tabelle.
Wie hoch war die Wahlbeteiligung? (Auf eine Stelle nach dem Komma runden).

b) Bei dieser Wahl erhielten die einzelnen Parteien und Gruppierungen folgende Stimmanteile:

Partei	Prozentsatz	Sitze
CDU	39,8 %	
SPD	12,6 %	
FDP	8,0 %	
Freie Wähler	37,8 %	
Sonstige	1,8 %	

Im Gemeinderat gibt es 23 Sitze. Wie viele Sitze erhielten die einzelnen Parteien? Vervollständige die obige Tabelle.

c) Wie viel Prozent aller Wahlberechtigen wählten per Briefwahl? Wie viel Prozent aller Wähler waren das?

d) Im Wahlbezirk 1 wurden insgesamt 10 611 Stimmen abgegeben. Hier die einzelnen Ergebnisse:

Parteien	CDU	SPD	FDP	Freie Wähler	Sonstige
Stimmen		1417	671		220
Prozentsatz	40,4 %			37,8 %	

Vervollständige die Tabelle! (Prozentsätze auf 1 Stelle nach dem Komma, Stimmen auf ganze Zahlen runden).
Wie erklärst du den Unterschied zwischen der angegebenen Zahl der insgesamt abgegebenen Stimmen und den berechneten Werten?
Anmerkung: Bei einer Gemeinderatswahl kann jeder Wähler maximal so viele Stimmen vergeben, wie es Sitze im Gemeinderat gibt.

Interaktive Aufgaben

1. Grundwert
2. Prozentwert
3. Verminderter Grundwert
4. Vermehrter Grundwert
5. Gehaltserhöhung

7. Zinsrechnung

Die Zinsrechnung ist eine Anwendung der Prozentrechnung in der Geldwirtschaft.
Für die Zinsrechnung benötigen wir folgende Begriffe:

Kapital K $\hat{=}$ Grundwert G
Zinsen Z $\hat{=}$ Prozentwert P
Zinssatz p $\hat{=}$ Prozentsatz p

Die Berechnungen erfolgen wie in der Prozentrechnung mit dem **Dreisatz**.

Berechnung der Zinsen Z

Beispiel:
Frau Müller hat 7 500 € auf seinem Sparbuch.
Sie bekommt für eine feste Anlage von 2 Jahren 3,5 % Zinsen.
Wie viel Zinsen erhält sie am Ende der Laufzeit?

1. Jahr:

	Prozent	Geld	
: 100	100 %	7 500 €	: 100
· 3,5	1 %	75 €	· 3,5
	3,5 %	262,50 €	

2. Jahr: 7 500 € + 262,50 € = 7 762,50 €

	Prozent	Geld	
: 100	100 %	7 762,50 €	: 100
· 3,5	1 %	77,625 €	· 3,5
	3,5 %	≈ 271,69 €	

262,50 € + 271,69 € = 534,19 €

Am Ende der Laufzeit erhält sie 534,19 € Zinsen.

Berechnung der Monatszinsen

Beispiel:
Herr Bauer hat 25 000 € mit einem Zinssatz von 2,75 % angelegt.
Wie hoch sind die Zinsen nach 3 Monaten?

Jahreszinsen:

	Prozent	Geld	
: 100	100 %	25 000 €	: 100
· 2,75	1 %	250 €	· 2,75
	2,75 %	687,50 €	

Monatszinsen:
687,50 € : 12 Monate ≈ 57,29 € pro Monat
57,20 € · 3 Monate ≈ 171,88 €

Für 3 Monate erhält er 171,88 € Zinsen.

Aufgaben

36. Lea hat 2 300 € auf dem Sparbuch. Nach einem Jahr werden ihr 28,75 € Zinsen gutgeschrieben.
Wie viel Prozent Zinsen gibt die Bank?

37. Janis hat 1 850 € auf einem Sparbuch zu 1,75 % angelegt.
Wie viel Zinsen bekommt er nach einem Jahr?

38. Leonie hat ihr Geld auf einem Sparbuch, das mit 1,4 % verzinst wird. Nach einem Jahr bekommt sie 31,50 € Zinsen.
Wie hoch ist ihre Spareinlage?

39. Benjamin hat 3 500 € auf einem Sparbuch mit steigendem Zinssatz angelegt. Im ersten Jahr bekommt er 2 %, im zweiten Jahr 3 % und im dritten Jahr 4 % Zinsen.
Wie viel Geld hat er nach drei Jahren, wenn die Zinsen mitverzinst werden?

Interaktive Aufgaben

1. Erbe
2. Auto
3. Hausbank

8. Umrechnungen von Größen

Längenmaße

dividieren →

mm		cm		dm		m		km
	10		10		10		1 000	

← multiplizieren

Beispiele:
$600\text{ mm} = 600 : 10\text{ cm} = 60\text{ cm}$
$15{,}8\text{ m} = 15{,}8 \cdot 100\text{ cm} = 1580\text{ cm}$

Flächenmaße

dividieren →

mm^2		cm^2		dm^2		m^2		a		ha		km^2
	100		100		100		100		100		100	

← multiplizieren

1 ha = 1 Hektar; 1 a = 1 Ar

Beispiele:
$895410\text{ cm}^2 = 895410 : 100\text{ dm}^2 = 8954{,}1\text{ dm}^2$
$7{,}15\text{ m}^2 = 7{,}15 \cdot 100\text{ dm}^2 = 715\text{ dm}^2$

Raummaße (Volumeneinheiten)

dividieren →

mm^3		cm^3		dm^3		m^3
	1 000		1 000		1 000	

← multiplizieren

$1\ \ell = 1\text{ dm}^3$; $1\ m\ell = 1\text{ cm}^3$
$1\ \ell = 1000\ m\ell$; $1\ h\ell = 100\ \ell$

Beispiel:
$4000\ \ell = 4000\text{ dm}^3 = 4000 : 1000\text{ m}^3 = 4\text{ m}^3$
$1{,}3\text{ m}^3 = 1{,}3 \cdot 1000\text{ dm}^3 = 1300\text{ dm}^3 = 1300\ \ell$

Zeiteinheiten

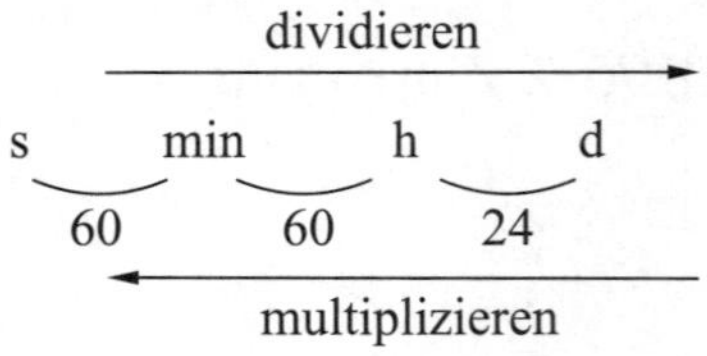

1 d = 1 Tag; 1 h = 1 Stunde;
1 s = 1 Sekunde; 1 min = 1 Minute

Beispiele:
$2\text{ d} = 2 \cdot 24\text{ h} = 48\text{ h}$
$7\text{ min } 13\text{ s} = 7 \cdot 60\text{ s} + 13\text{ s} = 420\text{ s} + 13\text{ s} = 433\text{ s}$
$290\text{ s} = 240 : 60\text{ min} + 50\text{ s} = 4\text{ min } 50\text{ s}$

Masseeinheiten

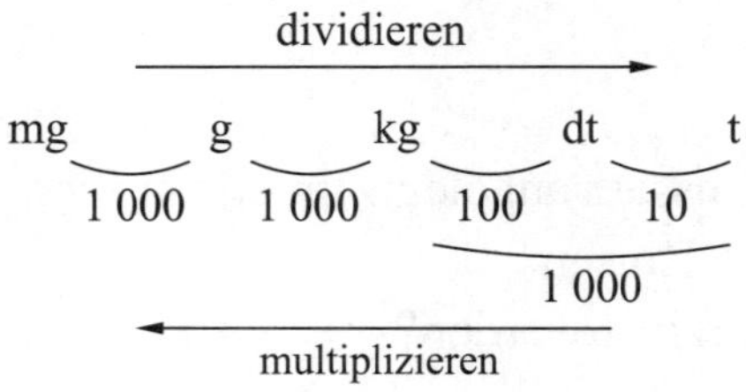

Beispiele:
$28125\text{ g} = 28125 : 1000\text{ kg} = 28{,}125\text{ kg}$
$3{,}45\text{ t} = 3{,}45 \cdot 10\text{ dt} = 34{,}5\text{ dt}$

Für alle Größen gilt: Einheit größer → Zahl kleiner, deshalb dividieren durch die Umrechnungszahl
Einheit kleiner → Zahl größer, deshalb multiplizieren mit der Umrechnungszahl

Aufgaben

40. Rechne in die angegebene Einheit um.

a) 1,23 m (mm)
b) 2,72 dm (cm)
c) 437,5 m (km)
d) 0,3568 km (dm)
e) 17 cm (mm)
f) 0,0052 m (mm)
g) 2 019 mm (m)
h) 127,6 dm (m)

41. Rechne in die angegebene Einheit um.

a) 0,01 km^2 (m^2)
b) 6,906 dm^2 (mm^2)
c) 626 m^2 (ha)
d) 9,7 mm^2 (cm^2)
e) 3 027 a (m^2)
f) 0,0027 ha (m^2)
g) 17 665 cm^2 (m^2)
h) 0,023 m^2 (mm^2)

42. Rechne in die angegebene Einheit um.

a) 0,063 m^3 (ℓ)
b) 3 $m\ell$ (dm^3)
c) 12,06 $h\ell$ (m^3)
d) 728,6 cm^3 ($h\ell$)
e) 3,2 cm^3 (dm^3)
f) 1,024 m^3 (dm^3)
g) 825,6 dm^3 (m^3)
h) 12 829 cm^3 (m^3)

43. Rechne in die angegebene Einheit um.

a) 3,25 h (min)
b) 6 d 7h (h)
c) 7,6 min (s)
d) 2 h 24 min (s)
e) 17 h 12 min (h)
f) 37 653 s (h)
g) 8 280 s (h)
h) 187 200 s (h)

44. Rechne in die angegebene Einheit um.

a) 23 g (kg)
b) 0,0672 kg (g)
c) 738 g (kg)
d) 6,7 kg (dt)
e) 72,5 kg (t)
f) 0,032 t (kg)
g) 52,3 g (mg)
h) 327 865 mg (kg)

Interaktive Aufgaben

1. Längenmaße umrechnen
2. Flächenmaße umrechnen
3. Raummaße umrechnen
4. Zeiteinheiten umrechnen
5. Masseeinheiten umrechnen

---

9. Terme vereinfachen

Beim Zusammenfassen von Termen müssen folgende Regeln beachtet werden:

Plus-Klammer-Regel
Steht ein „+" vor der Klammer, kann man die Klammer einfach weglassen.

Beispiel:
$4x + (5x - 2y)$
$= 4x + 5x - 2y$
$= 9x - 2y$

Minus-Klammer-Regel
Steht ein „–" vor der Klammer, kann man die Klammer nur dann weglassen, wenn man die Rechenzeichen in der Klammer umkehrt.

Beispiel:
$4x - (5x - 2y)$
$= 4x - 5x + 2y$
$= -x + 2y$

Ausmultiplizieren (Distributivgesetz)
Eine Summe wird mit einem Term multipliziert, indem man jeden Summanden mit dem Term multipliziert und die Produkte addiert.

Beispiel:
$4a(3x + 2y)$
$= 4a \cdot 3x + 4a \cdot 2y$
$= 12ax + 8ay$

Multiplikation von Summen
Eine Summe wird mit einer Summe multipliziert, indem jeder Summand der ersten Summe mit jedem Summanden der zweiten Summe multipliziert wird und die Produkte addiert werden.

Beispiel:
$(3x + 2y) \cdot (2x - 3y)$
$= 3x \cdot 2x - 3x \cdot 3y + 2y \cdot 2x - 2y \cdot 3y$
$= 6x^2 - 9xy + 4xy - 6y^2$
$= 6x^2 - 5xy - 6y^2$

Binomische Formeln

$(a+b)^2 = a^2 + 2ab + b^2$

$(a-b)^2 = a^2 - 2ab + b^2$

$(a+b)(a-b) = a^2 - b^2$

Beispiele:

$$(4x+y)^2 = (4x)^2 + 2\cdot 4x\cdot y + y^2 = 16x^2 + 8xy + y^2$$

$$(2c-5d)^2 = (2c)^2 - 2\cdot 2c\cdot 5d + (5d)^2 = 4c^2 - 20cd + 25d^2$$

$$(4x+2y)(4x-2y) = (4x)^2 - (2y)^2 = 16x^2 - 4y^2$$

Aufgaben

45. Fasse zusammen.

a) $17x + (27 - 3y + 6x) - 29x$

b) $-(25a + 11b - 7c) + 13a - (19c - 8b)$

c) $-20x - (19y - 37x) + (3x - 5y)$

d) $133a - 37b - (-28c + 43a - 17b)$

46. Multipliziere aus und fasse zusammen.

a) $2(3x - 5y) + 3(8y - 7x)$

b) $27a - 6\cdot(2a - b - 2c) + 3\cdot(b - c)$

c) $2\cdot(1{,}5x - 7{,}5y) - 6\cdot(0{,}5x - y - 2{,}5)$

d) $133a - 7\cdot(32a - 18b) + 105b$

47. Multipliziere aus und fasse zusammen.

a) $(3x - 4y)\cdot(2y - 6x)$

b) $(3a - b)\cdot(5b - 3a + 2)$

c) $(6x - 3y + 4z)\cdot(x - 2y - 3z)$

d) $(a - b - c)\cdot(7a - 3b - 2c)$

48. Klammere aus.

a) $27x - 18y - 54z$

b) $26ax^2 - 39a^2x + 169a^3$

c) $x^3y^4z^2 + 5x^2yz^3 - 7x^4y^3z^4$

d) $-21r^5t^6 - 35r^2t^4 - 28r^3t^3$

49. Berechne.

a) $(x-3y)^2$

b) $(4x+3y)^2$

c) $(2{,}5x-y)\cdot(2{,}5x+y)$

d) $(0{,}5a-5b)^2$

e) $\left(\frac{1}{3}r+\frac{1}{5}s\right)^2$

f) $\left(2\frac{2}{3}u-\frac{3}{4}v\right)\cdot\left(2\frac{2}{3}u+\frac{3}{4}v\right)$

50. Faktorisiere.

a) $49a^2+112ab+64b^2$

b) $1{,}21x^2-1{,}44y^2$

c) $0{,}16u^2+0{,}56uv+0{,}49v^2$

d) $5\frac{1}{16}x^2-1\frac{11}{25}y^2$

e) $1{,}69a^2-15{,}6ab+36b^2$

f) $\frac{4}{9}x^2-2xy+2\frac{1}{4}y^2$

Interaktive Aufgaben

1. Term zusammenfassen
2. Term vereinfachen
3. Term vereinfachen
4. Multiplikation zweier Summen
5. Binomische Formel anwenden
6. Binomische Formel anwenden
7. Term vereinfachen
8. Term faktorisieren
9. Term faktorisieren

10. Lösen von Gleichungen

Lineare Gleichungen

Beim Lösen linearer Gleichungen sind folgende Umformungsregeln anzuwenden:

I. Die Seiten können vertauscht werden.

Beispiel:

$$2x+3=4x$$
$$4x=2x+3$$

II. Auf jeder der beiden Seiten der Gleichung kann man dieselbe Zahl bzw. denselben Term addieren oder subtrahieren.

$$4x=2x+3 \quad \big|\, -2x$$
$$2x=3$$

III. Auf jeder der beiden Seiten der Gleichung kann man mit derselben von null verschiedenen Zahl bzw. demselben Term multiplizieren oder durch sie dividieren.

$$2x=3 \quad \big|\, :2$$
$$x=\frac{3}{2}$$

Man erhält immer eine äquivalente Gleichung. Weiterhin wenden wir die gleichen Regeln wie bei Termen an.

Beispiele:

$$2(x+5)=-3+3(4+x) \quad \big|\, \text{Klammern ausmultiplizieren}$$
$$2x+10=-3+12+3x \quad \big|\, \text{gleiche Terme zusammenfassen}$$
$$2x+10=9+3x \quad \big|\, -3x$$
$$-x+10=9 \quad \big|\, -10$$
$$-x=-1 \quad \big|\, :(-1)$$
$$\underline{\underline{x=1}} \qquad \underline{\underline{L=\{1\}}}$$

Probe: Bei der Durchführung der Probe setzen wir die Lösung $x=1$ in die Ausgangsgleichung ein. Auf beiden Seiten der Gleichung muss jeweils das gleiche Ergebnis herauskommen.

$$2(1+5)\stackrel{?}{=}-3+3(4+1)$$
$$2\cdot 6\stackrel{?}{=}-3+3\cdot 5$$
$$12\stackrel{?}{=}-3+15$$
$$\underline{\underline{12=12}} \quad \text{wahre Aussage}$$

Quadratische Gleichungen

Eine quadratische Gleichung
$ax^2+bx+c=0$
löst man mit der Lösungsformel

$$x_{1/2}=-\frac{b}{2a}\pm\frac{1}{2a}\sqrt{b^2-4ac}$$

Beispiel:

$$3x^2-11x+10=0$$
$$x_{1/2}=-\left(\frac{-11}{2\cdot 3}\right)\pm\frac{1}{2\cdot 3}\sqrt{11^2-4\cdot 3\cdot 10}$$
$$=\frac{11}{6}\pm\frac{1}{6}\sqrt{121-120}$$
$$=\frac{11}{6}\pm\frac{1}{6}\sqrt{1}$$
$$=\frac{11}{6}\pm\frac{1}{6}$$
$$x_1=\frac{12}{6}=\underline{\underline{2}}$$
$$x_2=\frac{10}{6}=\underline{\underline{\frac{5}{3}}} \qquad \underline{\underline{L=\left\{2;\frac{5}{3}\right\}}}$$

Lineare Gleichungssysteme

Beim rechnerischen Lösen von Gleichungssystemen unterscheiden wir drei Verfahren. Alle drei Verfahren führen prinzipiell bei jedem Gleichungssystem zum Ziel.

Einsetzungsverfahren

Dieses Verfahren ist vorteilhaft, wenn eine Gleichung des gegebenen Gleichungssystems bereits nach einer Variablen aufgelöst ist.

Beispiel:

$$\begin{array}{ll} \text{I} & x + y = 10 \\ \text{II} & y = 2x - 2 \end{array}$$

II in I einsetzen

$$\begin{aligned} x + 2x - 2 &= 10 \\ 3x - 2 &= 10 \quad | +2 \\ 3x &= 12 \quad | :3 \\ \underline{\underline{x}} &\underline{\underline{= 4}} \end{aligned}$$

x in II einsetzen

$$\begin{aligned} y &= 2 \cdot 4 - 2 \\ \underline{\underline{y = 6}} & \qquad \underline{\underline{L = \{(4|6)\}}} \end{aligned}$$

Zur Überprüfung der gefundenen Lösungsmenge muss eine **Probe immer in beiden Gleichungen** durchgeführt werden.

Probe: I $4 + 6 \stackrel{?}{=} 10$

$\underline{\underline{10 = 10}}$ wahre Aussage

II $6 \stackrel{?}{=} 2 \cdot 4 - 2$

$\underline{\underline{6 = 6}}$ wahre Aussage

Additionsverfahren

Dieses Verfahren bietet sich an, wenn in beiden Gleichungen des gegebenen Gleichungssystems die Koeffizienten einer Variablen Gegenzahlen voneinander sind, so dass diese Variable beim Addieren wegfällt.

Beispiel:

$$\begin{array}{lrcrcrl} \text{I} & 2x & + & 5y & = & 16 & | \ \text{I+II} \\ \text{II} & 3x & - & 5y & = & -1 & \\ \hline \text{I} & 2x & + & 5y & = & 16 & \\ \text{II'} & 5x & & & = & 15 & \\ \hline \text{I} & 2x & + & 5y & = & 16 & \\ \text{II''} & & & & & \underline{\underline{x = 3}} & \end{array}$$

x in I einsetzen

$$\begin{aligned} 2 \cdot 3 + 5y &= 16 \quad | -6 \\ 5y &= 10 \quad | :5 \\ \underline{\underline{y = 2}} & \quad \underline{\underline{L = \{(3|2)\}}} \end{aligned}$$

Gleichsetzungsverfahren

Dieses Verfahren bietet sich an, wenn beide Gleichungen nach derselben Variable aufgelöst sind.

Beispiel:

$$\begin{array}{ll} \text{I} & y = 2x - 5 \\ \text{II} & y = 3x + 3 \end{array}$$

I = II

$$\begin{aligned} 2x - 5 &= 3x + 3 \quad | -2x - 3 \\ \underline{\underline{x}} &\underline{\underline{= -8}} \end{aligned}$$

x in I (oder II) einsetzen

$$\begin{aligned} y &= 2 \cdot (-8) - 5 \\ \underline{\underline{y = -21}} & \qquad \underline{\underline{L = \{(-8|-21)\}}} \end{aligned}$$

Aufgaben

51. Gib die Lösungsmenge an.

a) $2x-7-3x=5(3-2x)-4$

b) $1{,}3(0{,}4x+3)=2{,}2-(x-1{,}7)$

c) $1\frac{1}{2}x-2\frac{2}{5}+\frac{2}{3}x=2x-3\frac{3}{4}$

52. Gib die Lösungsmenge an.

a) $x^2-7x+6=0$

b) $0{,}4x^2-2{,}4x=0$

c) $0{,}7x^2-4{,}9x+8{,}4=0$

d) $\frac{1}{3}x^2+\frac{2}{7}x+2=0$

53. Löse das lineare Gleichungssystem.

a) I $2x-3y=5$
II $5x+6y=-1$

b) I $-5x+2y=17$
II $y=1{,}5-x$

c) I $x=2y+3$
II $x=4-y$

d) I $-x+3y=6$
II $2x-6y=0$

e) I $1{,}2x+3{,}6y=4{,}8$
II $2{,}3x+6{,}9y=9{,}2$

Interaktive Aufgaben

1. Lineare Gleichung lösen
2. Lineare Gleichung lösen
3. Gleichsetzungsverfahren
4. Additionsverfahren
5. Einsetzungsverfahren
6. Investmentfonds
7. Quadratische Gleichung lösen
8. Anzahl der Lösungen bestimmen
9. p-q-Formel
10. Zeitungsanzeige
11. a-b-c-Formel

11. Funktionen

Lineare Funktionen
Funktionsgleichung $f(x) = y = mx + b$

- $\mathbf{y = mx + b}$ mit $m \neq 0$, $b \neq 0$
  Graph: Gerade
  m: Steigung der Geraden
  $m > 0$: Gerade steigend
  $m < 0$: Gerade fallend
  b: Achsenabschnitt auf der y-Achse
  Schnittpunkt mit der y-Achse:
  $(0 \mid b)$
  Schnittpunkt mit der x-Achse:
  $\left(-\frac{b}{m} \middle| 0\right)$
  Nullstelle: $-\frac{b}{m}$

Lineare Funktionen

Beispiel:
$\mathbf{y = x + 0,5}$
$m = 1 \quad \Rightarrow \quad$ Gerade steigend
Schnittpunkt mit der y-Achse:
$b = 0,5 \quad \Rightarrow \quad S(0 \mid 0,5)$
Schnittpunkt mit der x-Achse: $N(-0,5 \mid 0)$
Nullstelle: $x = -0,5$

$\mathbf{y = -\frac{1}{2}x - 2}$
$m = -\frac{1}{2} \quad \Rightarrow \quad$ Gerade fallend
Schnittpunkt mit der y-Achse:
$b = -2 \quad \Rightarrow \quad S(0 \mid -2)$
Schnittpunkt mit der x-Achse: $N(-4 \mid 0)$
Nullstelle: $x = -4$

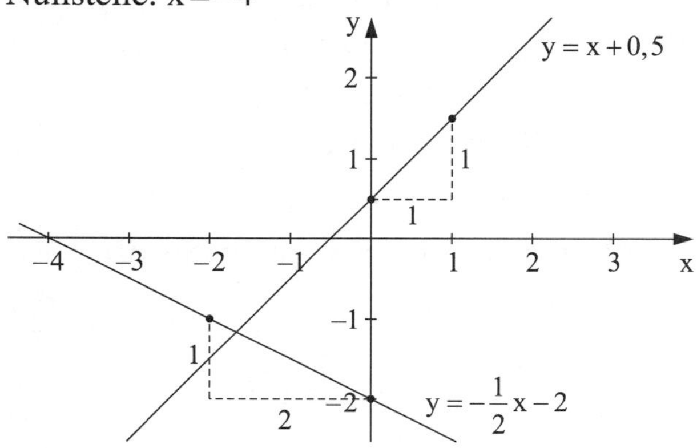

- $\mathbf{y = mx}$, also $m \neq 0$, $b = 0$
  Steigung:
  $m > 0$: Gerade steigend
  $m < 0$: Gerade fallend
  Graph: Gerade durch den Ursprung
  Schnittpunkt mit der y-Achse: $S(0 \mid 0)$
  Schnittpunkt mit der x-Achse: $S(0 \mid 0)$
  Nullstelle: $x = 0$

Beispiel:
$\mathbf{y = 2x}$
$m = 2 \quad \Rightarrow \quad$ Gerade steigend
Schnittpunkt mit der y-Achse und gleichzeitig Schnittpunkt mit der x-Achse:
$b = 0 \quad \Rightarrow \quad S(0 \mid 0)$

$\mathbf{y = -1,5x}$
$m = -1,5 \quad \Rightarrow \quad$ Gerade fallend
Schnittpunkt mit der y-Achse und gleichzeitig Schnittpunkt mit der x-Achse:
$b = 0 \quad \Rightarrow \quad S(0 \mid 0)$

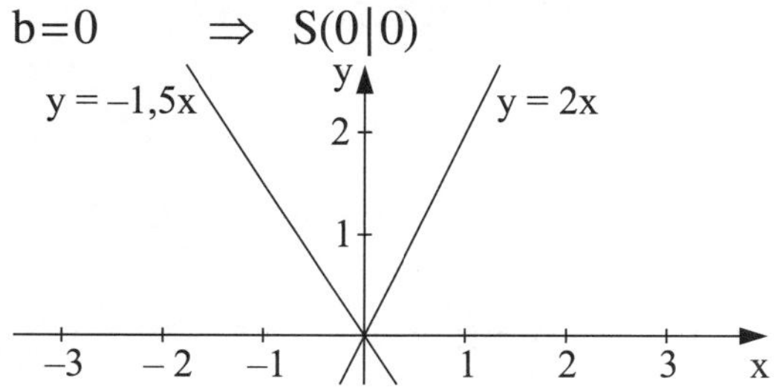

– $\mathbf{y=b}$, also $m=0$, $b \neq 0$
Graph: Parallele zur x-Achse im Abstand b
Schnittpunkt mit der y-Achse: $S(0|b)$
keine Nullstelle

Beispiel:
$\mathbf{y=2}$
$m=0 \Rightarrow$ Gerade parallel zur x-Achse im Abstand 2
$b=2 \Rightarrow$ Schnittpunkt mit der y-Achse $S(0|2)$
keine Nullstelle

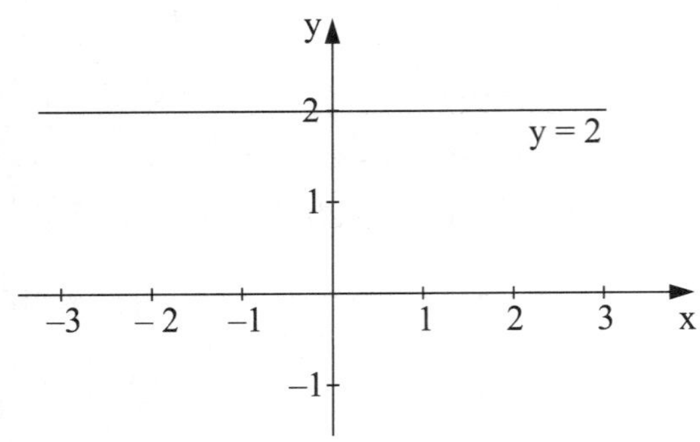

– $\mathbf{y=0}$, also $m=b=0$

Graph: x-Achse

Quadratische Funktionen
$\mathbf{y=f(x)=ax^2+bx+c}$ $(a \neq 0)$

– $\mathbf{y=x^2}$, also $a=1$, $b=c=0$
Graph: Normalparabel
Scheitel: $S(0|0)$
Schnittpunkt mit der x-Achse: $S(0|0)$
Nullstelle: $x=0$

Beispiel:
$\mathbf{y=x^2}$
Wertetabelle:

x	−2	−1,5	−1	−0,5	0	0,5	1	1,5	2
y	4	2,25	1	0,25	0	0,25	1	2,25	4

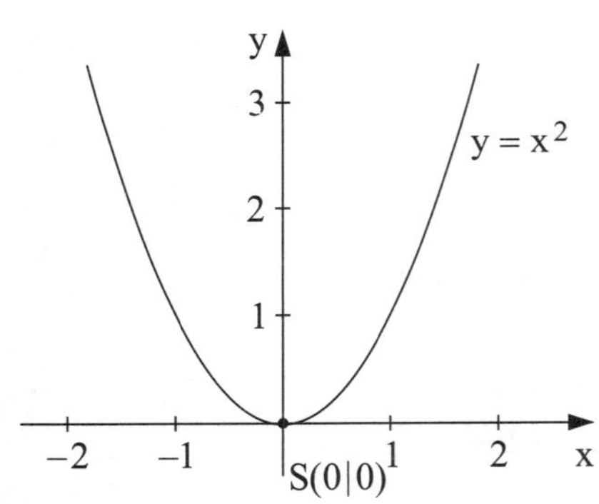

– $\mathbf{y=x^2+c}$, also $a=1$, $b=0$
Graph: Die Normalparabel wird um c Einheiten in Richtung der y-Achse verschoben.
Scheitel: $S(0|c)$
Schnittpunkte mit der x-Achse:
$c<0$: $N_1(-\sqrt{-c}\,|\,0)$; $N_2(+\sqrt{-c}\,|\,0)$
$c=0$: $N(0|0)$
Nullstellen:
$c<0$: 2 Nullstellen, $-\sqrt{-c}$ und $+\sqrt{-c}$
$c=0$: 1 Nullstelle
$c>0$: keine Nullstelle

Beispiel:
$\mathbf{y=x^2+1}$, also $a=1$, $b=0$, $c=1$
Der Graph ist eine um 1 Einheit längs der y-Achse nach oben verschobene Normalparabel. Daher gibt es keine Schnittpunkte mit der x-Achse (und keine Nullstellen).
Wertetabelle:

x	−2	−1,5	−1	−0,5	0	0,5	1	1,5	2
y	5	3,25	2	1,25	1	1,25	2	3,25	5

Scheitel: $S(0|1)$

$y = x^2 - 2$, also $a = 1$, $b = 0$, $c = -2$

Der Graph ist eine um 2 Einheiten längs der y-Achse nach unten verschobene Normalparabel.

Wertetabelle:

x	–2	–1,5	–1	–0,5	0	0,5	1	1,5	2
y	2	0,25	–1	–1,75	–2	–1,75	–1	0,25	2

Scheitel: $S(0\,|\,-2)$

Schnittpunkte mit der x-Achse:
$N_1(-\sqrt{2}\,|\,0)$; $N_2(\sqrt{2}\,|\,0)$

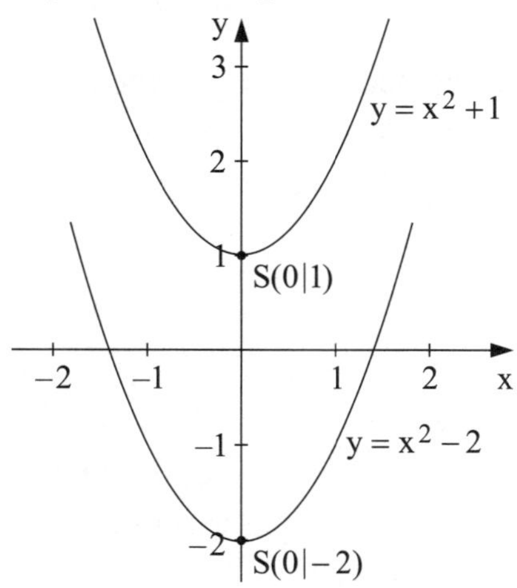

– **$y = ax^2$**, also $a \neq 0$, $b = c = 0$

$a > 1$:
Der Graph ist eine Parabel, wobei die Normalparabel in y-Richtung um den Faktor a gestreckt wurde.

Beispiel:

Gestreckte/gestauchte Parabel

$y = 2x^2$

$a = 2$:

Graph: Parabel, die aus der Normalparabel durch Strecken um den Faktor 2 in y-Richtung hervorgeht.

Wertetabelle:

x	–2	–1,5	–1	–0,5	0	0,5	1	1,5	2
y	8	4,5	2	0,5	0	0,5	2	4,5	8

Scheitel: $S(0\,|\,0)$

Schnittpunkt mit der x-Achse: $S(0\,|\,0)$

$0 < a < 1$:
Der Graph ist eine Parabel, wobei die Normalparabel in y-Richtung um den Faktor a gestaucht wurde.

$y = 0{,}4x^2$

$a = 0{,}4$:

Graph: Parabel, die aus der Normalparabel durch Stauchen in y-Richtung um den Faktor 0,4 hervorgeht.

Wertetabelle:

x	–2	–1,5	–1	–0,5	0	0,5	1	1,5	2
y	1,6	0,9	0,4	0,1	0	0,1	0,4	0,9	1,6

Scheitel: $S(0\,|\,0)$

Schnittpunkt mit der x-Achse: $S(0\,|\,0)$

a=–1:
Der Graph ist eine an der x-Achse gespiegelte Normalparabel.

$y=-x^2$
a=–1:
Graph: An der x-Achse gespiegelte Normalparabel.

Wertetabelle:

x	–2	–1,5	–1	–0,5	0	0,5	1	1,5	2
y	–4	–2,25	–1	–0,25	0	–0,25	–1	–2,25	–4

Scheitel: S(0|0)

Schnittpunkt mit der x-Achse:
S(0|0)

–1<a<0:
Der Graph ist eine nach unten geöffnete Parabel, wobei die Normalparabel in y-Richtung gestaucht wurde.

$y=-0{,}4x^2$
a=–0,4:
Graph: Parabel, die aus der Normalparabel durch Stauchen in y-Richtung um den Faktor 0,4 und Spiegeln an der x-Achse hervorgeht.

Scheitel: S(0|0)

Schnittpunkt mit der x-Achse: S(0|0)

a<–1:
Der Graph ist eine nach unten geöffnete Parabel, wobei die Normalparabel in y-Richtung gestreckt wurde.

$y=-2x^2$
a=–2:
Graph: Parabel, die aus der Normalparabel durch Strecken in y-Richtung um den Faktor 2 und Spiegeln an der x-Achse hervorgeht.

Scheitel: S(0|0)

Schnittpunkt mit der x-Achse: S(0|0)

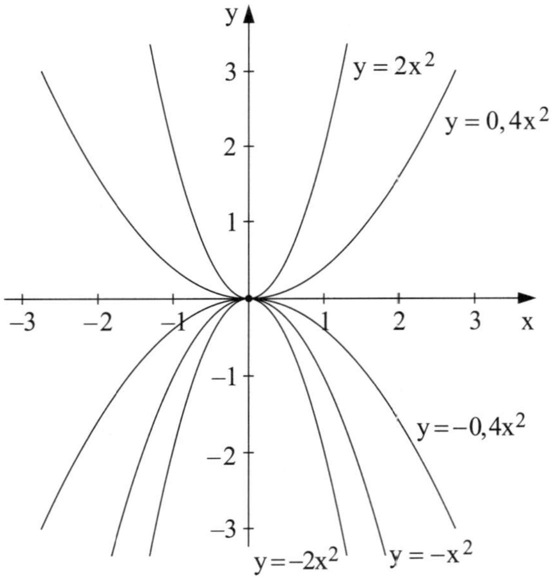

– **$y=(x-d)^2+e$** Scheitelpunktform
Graph: In x-Richtung um d Einheiten und in y-Richtung um e Einheiten verschobene Normalparabel.
Scheitel: $S(d|e)$
Schnittpunkte mit der x-Achse:
$e<0$: $N_1(d-\sqrt{-e}|0)$; $N_2(d+\sqrt{-e}|0)$
$e=0$: $N(d|0)$
Nullstellen:
$e<0$: 2 Nullstellen ($d-\sqrt{-e}$ und $d+\sqrt{-e}$)
$e=0$: 1 Nullstelle ($x=d$)
$e>0$: keine Nullstelle

Beispiel:
$y=(x-3)^2+2$

Verschobene Normalparabel

Graph: Normalparabel, die um 2 Einheiten nach oben ($e=2$) und 3 Einheiten nach rechts ($d=3$) verschoben wurde.
Wertetabelle:

x	1	1,5	2	2,5	3	3,5	4	4,5	5
y	6	4,25	3	2,25	2	2,25	3	4,25	6

Scheitel: $S(3|2)$
keine Nullstelle und damit keine Schnittpunkte mit der x-Achse ($e>0$)

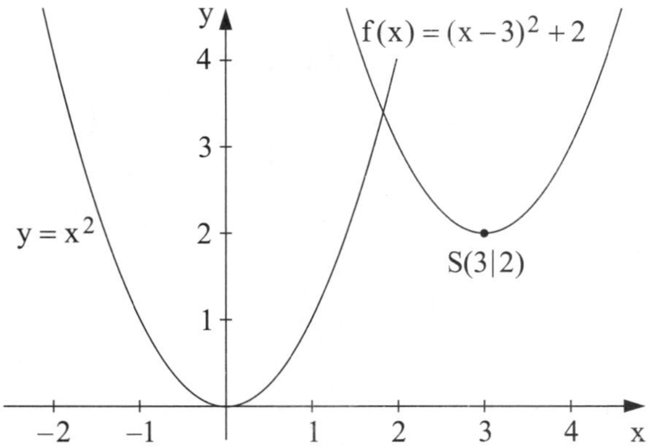

– **$y=a(x-d)^2+e$** Scheitelpunktform
Graph: In x-Richtung um d Einheiten und in y-Richtung um e Einheiten verschobene Parabel, die aus der Normalparabel durch Strecken ($|a|>1$) oder Stauchen ($|a|<1$) und durch Spiegeln ($a<0$) hervorgegangen ist.
Scheitel: $S(d|e)$
Schnittpunkte mit der x-Achse:
$-\frac{e}{a}>0$: $N_1\left(d-\sqrt{-\frac{e}{a}}\,\middle|\,0\right)$; $N_2\left(d+\sqrt{-\frac{e}{a}}\,\middle|\,0\right)$
$e=0$: $N(d|0)$
Nullstellen:
$-\frac{e}{a}>0$: 2 Nullstellen ($d-\sqrt{-\frac{e}{a}}$; $d+\sqrt{-\frac{e}{a}}$)
$e=0$: 1 Nullstelle ($x=d$)
$-\frac{e}{a}<0$: keine Nullstelle

Beispiel:
$y=-2(x-1)^2+2$
Graph: Parabel, wobei der Graph der Normalparabel um den Faktor 2 in y-Richtung gestreckt ($|a|>1$), an der y-Achse gespiegelt ($a<0$) und um 1 Einheit nach rechts sowie um 2 Einheiten nach oben verschoben wurde.
Wertetabelle:

x	–1	–0,5	0	0,5	1	1,5	2	2,5	3
y	–6	–2,5	0	1,5	2	1,5	0	–2,5	–6

Scheitel: $S(1|2)$
Schnittpunkte mit der x-Achse:
$N_1(0|0)$; $N_2(2|0)$
Nullstellen: $x_1=0$; $x_2=2$

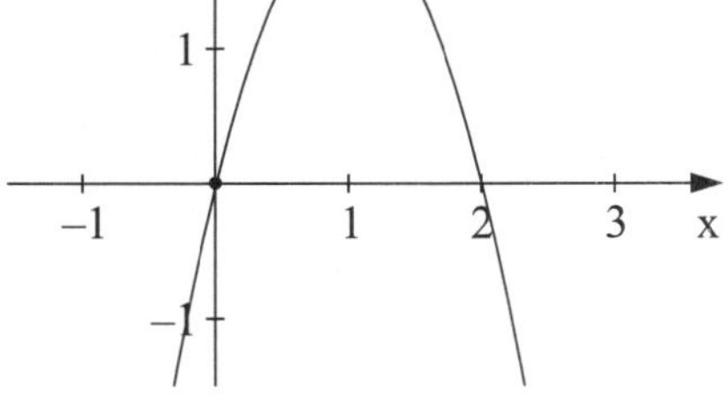

– $\mathbf{y = ax^2 + bx + c}$
Graph: Parabel, die aus der Normalparabel durch Stauchen ($|a| < 1$) oder Strecken ($|a| > 1$) und (für $a < 0$) Spiegeln an der x-Achse sowie Verschieben um $-\frac{b}{2a}$ Einheiten längs der x-Achse und um $\frac{4ac - b^2}{4a}$ Einheiten längs der y-Achse hervorgegangen ist.

Scheitel: $\left(-\frac{b}{2a} \,\middle|\, \frac{4ac - b^2}{4a}\right)$

Schnittpunkte mit der x-Achse:

$b^2 - 4ac > 0$: $N_1\left(-\frac{b}{2a} - \frac{1}{2a}\sqrt{b^2 - 4ac} \,\middle|\, 0\right)$

$N_2\left(-\frac{b}{2a} + \frac{1}{2a}\sqrt{b^2 - 4ac} \,\middle|\, 0\right)$

$b^2 - 4ac = 0$: $N\left(-\frac{b}{2a} \,\middle|\, 0\right)$

Nullstellen:
$b^2 - 4ac > 0$: 2 Nullstellen

$-\frac{b}{2a} - \frac{1}{2a}\sqrt{b^2 - 4ac}$

und

$-\frac{b}{2a} + \frac{1}{2a}\sqrt{b^2 - 4ac}$

$b^2 - 4ac = 0$: 1 Nullstelle $\left(x = -\frac{b}{2a}\right)$

$b^2 - 4ac < 0$: keine Nullstelle

Beispiel:
$\mathbf{y = x^2 + 6x + 11}$
$a = 1, b = 6, c = 11$
Scheitelpunktform:

$y = \underbrace{x^2 + 6x}_{} + 11$ — Normalform

$y = x^2 + 2 \cdot \underbrace{\frac{6}{2}} \cdot x + \left(\frac{6}{2}\right)^2 - \left(\frac{6}{2}\right)^2 + 11$ — quadratische Ergänzung

$\underbrace{a^2 + 2 \cdot b \cdot a + b^2}_{\text{Binom}}$ $\quad \underbrace{\qquad}_{\text{Zahl}}$

$y = \underbrace{(x + 3)^2}_{(a+b)^2} \quad \underbrace{-9 + 11}_{}$

$y = (x + 3)^2 + 2$ — Scheitelpunktform

Scheitel: $S(-3|2)$

Graph: Der Graph ist eine um –3 Einheiten längs der x-Achse und um 2 Einheiten längs der y-Achse verschobene, nach oben offene Normalparabel.

Wegen $b^2 - 4ac = 6^2 - 4 \cdot 1 \cdot 11 = -8 < 0$ gibt es keine Nullstellen und damit auch keine Schnittpunkte mit der x-Achse.

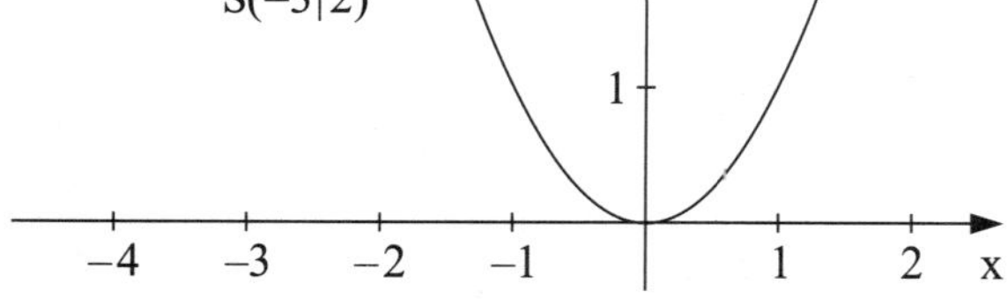

Potenzfunktionen

Funktionsgleichung $\mathbf{f(x) = y = x^n}$

Der Exponent n heißt Grad oder Ordnung der Potenzfunktion und bestimmt die Art des Graphen.

- **Parabeln** $\mathbf{y = x^n}$ für $n \in \mathbb{N}$, $n > 1$
- $\mathbf{y = x^n}$ für $n \in \mathbb{N}$, $n > 1$ und **gerades n**

  Graph: Parabel n-ter Ordnung

  Steigung: fällt für $x < 0$, steigt für $x > 0$

  Graph ist achsensymmetrisch zur y-Achse.

  Graph geht durch die Punkte $O(0|0)$, $P(1|1)$ und $Q(-1|1)$.

Beispiel:

$\mathbf{y = x^4}$ $\Rightarrow$ Parabel vierter Ordnung (vierten Grades)

Wertetabelle:

x	–2	–1,5	–1	–0,5	0	0,5	1	1,5	2
y	16	5,0625	1	0,0625	0	0,0625	1	5,0625	16

- $\mathbf{y = x^n}$ für $n \in \mathbb{N}$, $n > 1$ und **ungerades n**

  Graph: Wendeparabel

  Steigung: steigt überall an

  Graph ist punktsymmetrisch zum Ursprung $O(0|0)$.

  Graph geht durch die Punkte $O(0|0)$, $P(1|1)$ und $R(-1|-1)$.

Beispiel:

$\mathbf{y = x^3}$ $\Rightarrow$ (Wende-)Parabel dritter Ordnung

Wertetabelle:

x	–2	–1,5	–1	–0,5	0	0,5	1	1,5	2
y	–8	–3,375	–1	–0,125	0	0,125	1	3,375	8

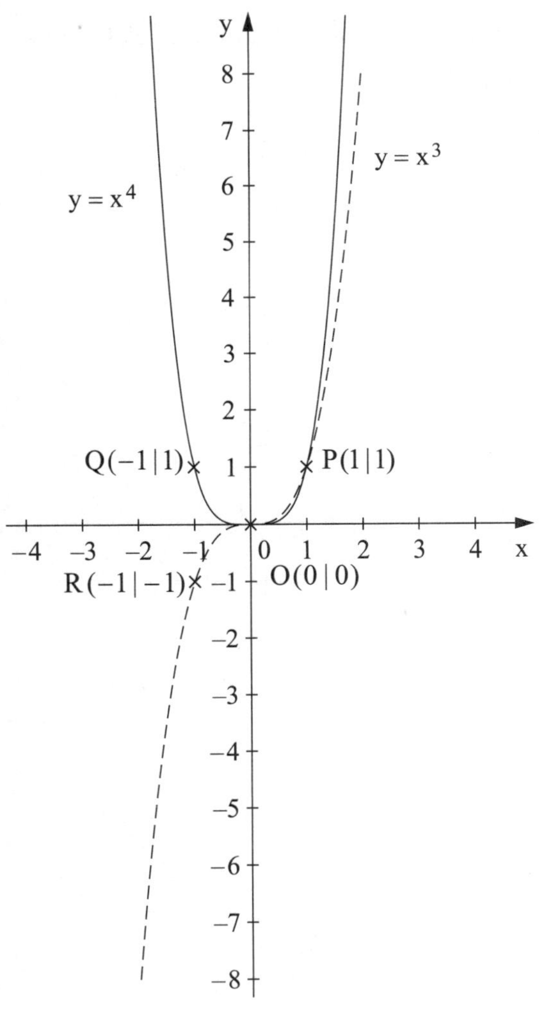

– **Hyperbeln $y = x^{-n}$** für $n \in \mathbb{N}, n \geq 1$

Graph: Hyperbel, besteht aus zwei Hyperbelästen.

Graph nähert sich für sehr große und sehr kleine x-Werte der x-Achse an.

Die Funktion ist für $x = 0$ nicht definiert und der Graph nähert sich für x-Werte, die sehr nahe bei 0 liegen, der y-Achse an.

– **$y = x^{-n}$** für $n \in \mathbb{N}, n \geq 1$ und **gerades n**

Steigung: steigt für $x < 0$, fällt für $x > 0$

Graph ist achsensymmetrisch zur y-Achse.

Graph verläuft durch die Punkte P(1 | 1) und Q(–1 | 1) und oberhalb der x-Achse.

Beispiel:

$y = x^{-2}$

Wertetabelle:

x	–2	–1,5	–1	–0,5	0	0,5	1	1,5	2
y	0,25	$0,\overline{4}$	1	4	–	4	1	$0,\overline{4}$	0,25

– **$y = x^{-n}$** für $n \in \mathbb{N}$ und **ungerades n**

Steigung: fällt überall

Graph ist punktsymmetrisch zum Ursprung O(0 | 0).

Graph verläuft durch die Punkte P(1 | 1) und R(–1 | –1).

Beispiel:

$y = x^{-3}$

Wertetabelle:

x	–2	–1,5	–1	–0,5	0	0,5	1	1,5	2
y	–0,125	$-0,\overline{296}$	–1	–8	–	8	1	$0,\overline{296}$	0,125

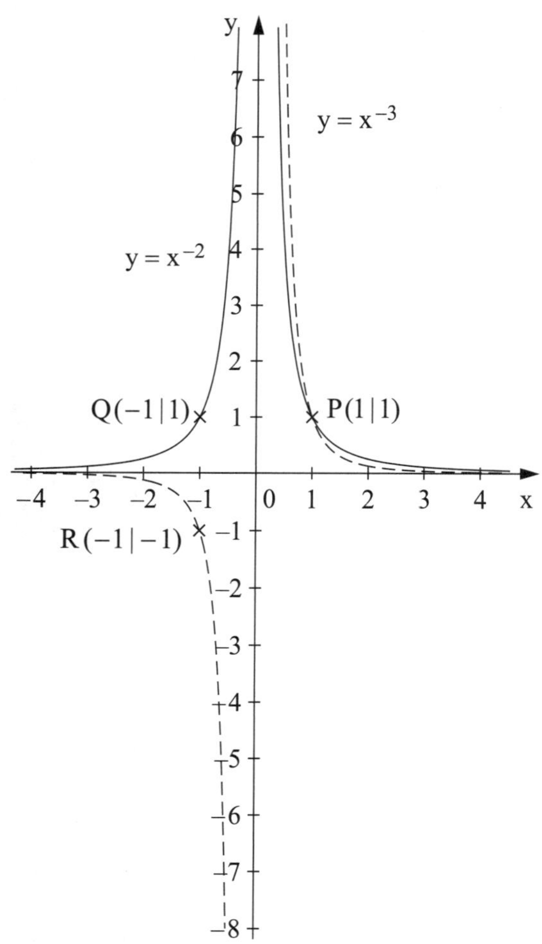

– **Wurzelfunktionen**

$\mathbf{y = x^{\frac{1}{n}}}$ für $n \in \mathbb{N}, n > 1$

Funktion nur definiert für $x \geq 0$

Graph: Wurzelparabel

Graph verläuft durch den Ursprung und den Punkt P(1 | 1).

Graph verläuft oberhalb der x-Achse außer bei der Nullstelle x = 0.

Steigung: steigt überall

Beispiel:

$\mathbf{y = \sqrt{x} = x^{\frac{1}{2}}}$

Wertetabelle (teilweise gerundet):

x	0	1	2	3	4	5	6	7	8
y	0	1	1,41	1,73	2	2,24	2,45	2,65	2,83

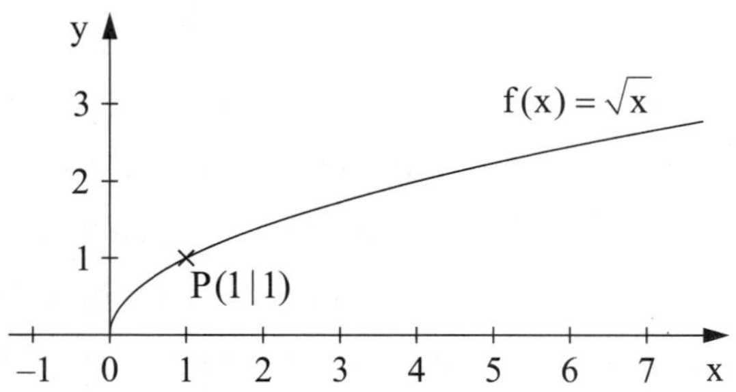

Exponentialfunktionen

Funktionsgleichung $\mathbf{f(x) = y = a^x}$

– $y = a^x$ mit $a > 0$
 $a \neq 1$

a Basis oder Wachstumsfaktor

x Anzahl gleich großer Abschnitte (z. B. Zeitspannen)

– Graph:

a > 1 Graph steigend

a < 1 Graph fallend

Graph der Exponentialfunktion liegt immer oberhalb der x-Achse (im I. und II. Quadranten).

Graph verläuft immer durch P(0 | 1) (Schnittpunkt mit der y-Achse).

Graph für

a > 1 schmiegt sich dem negativen Teil,

a < 1 schmiegt sich dem positiven Teil

der x-Achse an.

⇒ Die x-Achse ist Asymptote.

Graphen mit der Basis a und $\frac{1}{a}$ liegen spiegelbildlich zueinander mit der y-Achse als Symmetrieachse.

Beispiele:

$\mathbf{y = 2^x}$

a = 2 > 1 ⇒ Graph steigend

Wertetabelle (teilweise gerundet):

x	–3	–2	–1	–0,5	0	0,5	1	2	3
y	0,13	0,25	0,5	0,71	1	1,41	2	4	8

$\mathbf{y = \left(\frac{1}{2}\right)^x = 0{,}5^x}$

a = 0,5 < 1 ⇒ Graph fallend

Wertetabelle (teilweise gerundet):

x	–3	–2	–1	–0,5	0	0,5	1	2	3
y	8	4	2	1,41	1	0,71	0,5	0,25	0,13

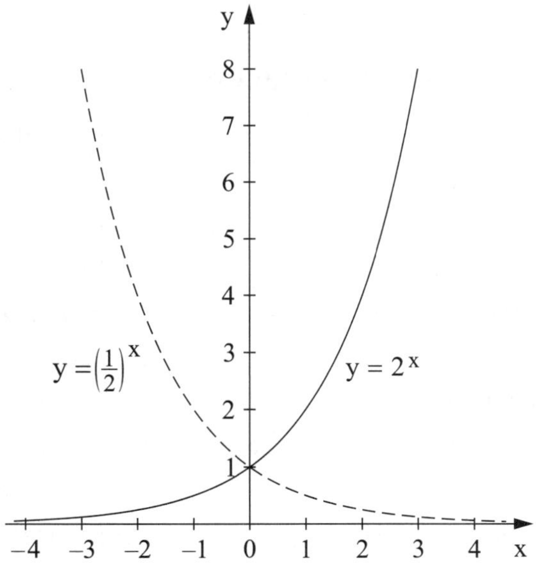

Aufgaben

54. Die Geraden g und h sind durch ihre Gleichungen gegeben.
$g: y = 0{,}5x + 2$, $h: y = -2x + 7$

a) Zeichne die beiden Geraden in ein Koordinatensystem.

b) Wo schneiden g bzw. h die Koordinatenachsen?

c) Berechne den Schnittpunkt der beiden Geraden.

55. Die Gerade g enthält die Punkte $P(-3\,|\,-2)$ und $Q(5\,|\,3)$.

a) Gib die Gleichung der Geraden g an.

b) Wo schneidet g die Koordinatenachsen?

c) Gib die Gleichung der zu g parallelen Geraden an, die durch den Ursprung geht.

d) Liegen die Punkte $R(6\,|\,8)$ und $S(7\,|\,4{,}25)$ auf g?

56. Gegeben ist die Funktion $f: y = 2x^2 - 4x - 6$.

a) Erstelle eine Wertetabelle und zeichne den Graphen von f.

b) Berechne die Nullstellen von f und gib die Schnittpunkte mit der x-Achse an.

c) Berechne den Scheitel der Parabel durch quadratische Ergänzung.

57. Von einer Parabel ist der Scheitel $(1\,|\,-1)$ bekannt. Außerdem liegt der Punkt $(3\,|\,-3)$ auf der Parabel.

a) Gib die Gleichung der Parabel an.

b) Was lässt sich anhand der Gleichung ohne weitere Rechnung über die Parabel sagen?

c) Erstelle eine Wertetabelle und zeichne die Parabel.

58. Erstelle eine Wertetabelle zu folgenden Funktionen und zeichne ihre Graphen.

a) $y = x^6$

b) $y = 3^x$ und $y = \left(\frac{1}{3}\right)^x$

Interaktive Aufgaben

1. Wertetabelle
2. Gerade zuordnen
3. Gerade zeichnen
4. Funktion zuordnen
5. Gerade zuordnen
6. Gerade zeichnen
7. Funktion zuordnen
8. Steigung und Punkt gegeben
9. Wasserrohrbruch
10. Parabel zuordnen
11. Reihenfolge
12. Parabel zeichnen
13. Parabel zuordnen
14. Vogel
15. Parabel zeichnen
16. Parabel zuordnen
17. Parabel zeichnen
18. Parabel zuordnen
19. Parabel zeichnen
20. Scheitel bestimmen
21. Nullstellen bestimmen
22. Nullstellen bestimmen (a-b-c-Formel)
23. Nullstellen und Parabel bestimmen
24. Bundesjugendspiele
25. Schnittpunkte bestimmen
26. Auto und Motorrad
27. Kleinflugzeug
28. Wertetabelle

12. Exponentielles Wachstum und exponentieller Zerfall

Exponentialfunktionen

Exponentielles Wachstum

Ändert sich eine Anfangsgröße k in gleich großen Abständen von x (z. B. Zeitspannen) durch einen konstanten Wachstumsfaktor $a > 1$, so spricht man von exponentiellem Wachstum (exponentieller Zunahme).

Funktionsgleichung:

$\mathbf{f(x) = y = k \cdot a^x}$ mit $k > 0$
$a > 1$

Graph für exponentielles Wachstum:

- beschreibt eine Linkskurve
- liegt oberhalb der x-Achse
- steigt überall
- geht durch den Punkt $P(0|k)$ (Schnittpunkt mit der y-Achse)

Wachstumsgeschwindigkeit nimmt zu.

k = Anfangsgröße/Anfangswert
x = Anzahl gleich großer Abstände
a = Wachstumsfaktor mit Wachstumsrate p %

$\Rightarrow \quad \mathbf{a = 1 + p\,\% = 1 + \frac{p}{100}}$

Die Funktion lässt sich schreiben als:

$$\mathbf{f(x) = k \cdot \left(1 + \frac{p}{100}\right)^x}$$

Beispiel:
Wachstum einer Bakterienkultur

$\mathbf{y = 100 \cdot 1{,}15^x}$

$k = 100 \mathrel{\hat{=}}$ Anfangswert (Anzahl der Bakterien zu Beginn)

$a = 1{,}15 = 1 + \frac{15}{100}$

$\mathrel{\hat{=}}$ Wachstumsrate von 15 %

x = Anzahl der Stunden

Wertetabelle (teilweise gerundet):

x	0	1	2	3	4	5	6
y	100	115	132,3	152,1	174,9	201,1	231,3

x	7	8	9	10	11	12	13
y	266	305,9	351,8	404,6	465,2	535	615,3

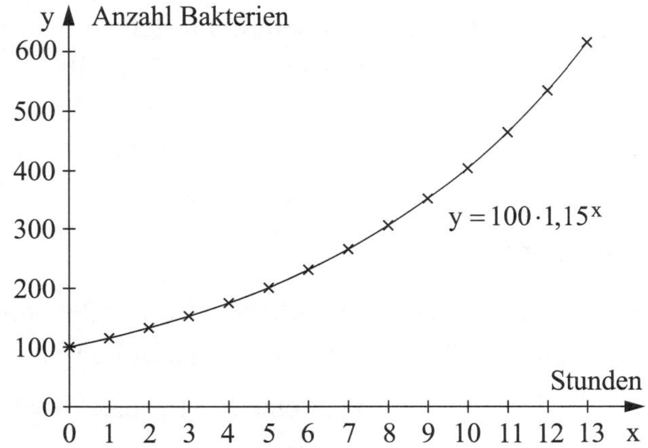

Exponentieller Zerfall

Ändert sich eine Anfangsgröße k in gleich großen Abständen von x (z. B. Zeitspannen) durch einen konstanten Abnahmefaktor $0 < a < 1$, so spricht man von exponentiellem Zerfall (exponentieller Abnahme).

Funktionsgleichung:

$\mathbf{f(x) = y = k \cdot a^x}$ mit $k > 0$
$0 < a < 1$

Graph für exponentiellen Zerfall:

- beschreibt eine Linkskurve
- liegt oberhalb der x-Achse

Beispiel:
Sinkende Wassertemperatur eines Glases Tee (bei ca. 0 °C Umgebungstemperatur)

$\mathbf{y = 80 \cdot 0{,}95^x}$

$k = 80 \mathrel{\hat{=}}$ Anfangswert (Temperatur in °C)

$a = 0{,}95 = 1 - \frac{5}{100}$

$\mathrel{\hat{=}}$ Abnahmerate von 5 %

x = Anzahl der Minuten

Wertetabelle (teilweise gerundet):

x	0	1	2	3	4	5	6	7	8
y	80	76	72,2	68,6	65,2	61,9	58,8	55,9	53,1

- fällt überall
- geht durch den Punkt $P(0|k)$ (Schnittpunkt mit der y-Achse)
- nähert sich für sehr große x-Werte der x-Achse an

Zerfallsgeschwindigkeit nimmt ab.
a = Abnahmefaktor mit Abnahmerate p %

$\Rightarrow$ $\mathbf{a = 1 - p\,\% = 1 - \frac{p}{100}}$

Die Funktion lässt sich schreiben als:

$\mathbf{f(x) = k \cdot \left(1 - \frac{p}{100}\right)^x}$

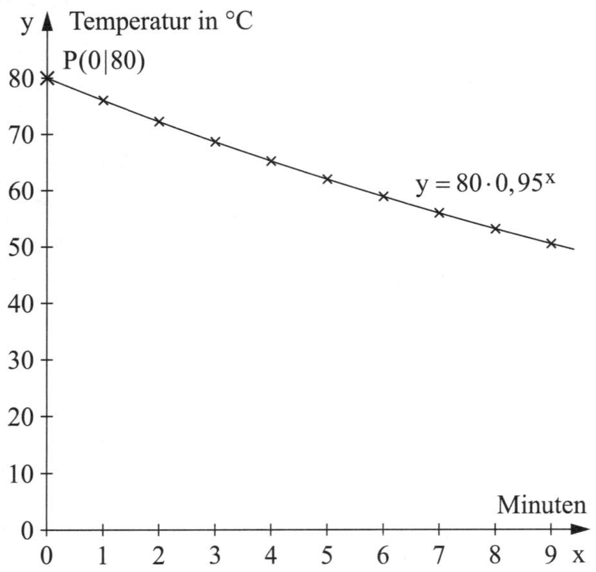

Entspricht ein Wachstumsfaktor a einer Veränderung nach T Einheiten auf der x-Achse, wird der Exponent durch T geteilt:

$y = k \cdot a^{\frac{x}{T}}$

Beispiel:
Startwert 50 und Verdopplung nach jeweils 20 Tagen (x in Tagen):

$y = 50 \cdot 2^{\frac{x}{20}}$

Aufgaben

59. Ein Startkapital von 500 € wird mit 3 % pro Jahr verzinst. Die erwirtschafteten Zinsen werden dabei mitverzinst und erhöhen jährlich das Kapital.

a) Erstelle eine Wertetabelle für das Anwachsen des Kapitals in den ersten 6 Jahren.

b) Zeichne den zur Wertetabelle passenden Graphen.

60. Das Isotop Iod 131 ist radioaktiv und hat eine Halbwertszeit von ca. 8 Tagen, d. h., nach jeweils 8 Tagen halbiert sich die Zahl der Atome (und damit die Masse) von Iod 131. Zu Beginn der Messung sind 200 g Iod 131 vorhanden.

a) Erstelle eine Wertetabelle für die ersten 40 Tage.

b) Zeichne den zur Wertetabelle passenden Graphen.

c) Stelle einen Funktionsterm auf, der die vorhandene Menge Iod 131 nach x Tagen beschreibt.

Interaktive Aufgaben

1. Füchse
2. Studierende
3. Traumurlaub
4. Hausmüll
5. Radioaktiver Zerfall

13. Ebene Figuren

A: Flächeninhalt
u: Umfang

allgemeines Dreieck

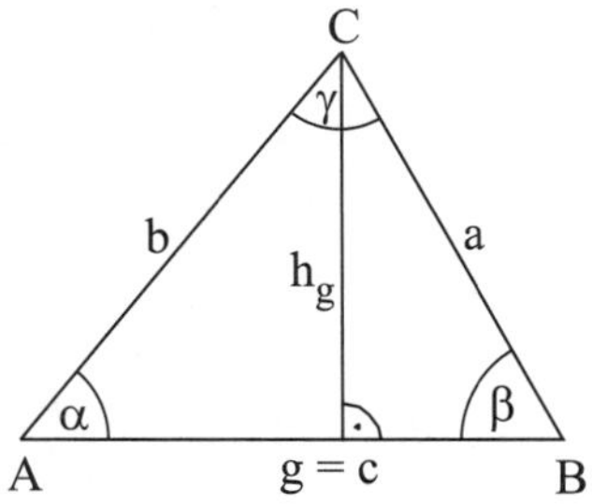

Flächeninhalt A: $A = \frac{1}{2} g \cdot h_g$

Beispiele:
Gegeben: Seite c = 8 cm, Höhe h_c = 2,7 cm
Flächeninhalt:

$$A = \frac{1}{2} \cdot c \cdot h_c = \frac{1}{2} \cdot 8\,\text{cm} \cdot 2{,}7\,\text{cm}$$
$$= 10{,}8\,\text{cm}^2$$

Umfang u: $u = a + b + c$

Gegeben: a = 5 cm, b = 6,5 cm, c = 8,6 cm
Umfang:

$$u = a + b + c$$
$$= 5\,\text{cm} + 6{,}5\,\text{cm} + 8{,}6\,\text{cm}$$
$$= 20{,}1\,\text{cm}$$

Summe der Innenwinkel: $\alpha + \beta + \gamma = 180°$

Gegeben: $\alpha = 42°$, $\beta = 67°$

$$\gamma = 180° - (\alpha + \beta)$$
$$= 180° - (42° + 67°)$$
$$= 180° - 109°$$
$$= 71°$$

rechtwinkliges Dreieck

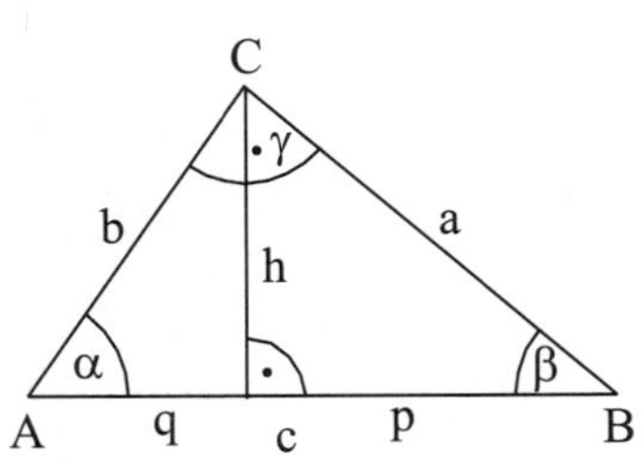

Katheten: a, b
Hypotenuse: c
Hypotenusenabschnitte: p, q
Für ΔABC mit $\gamma = 90°$ gilt:

$$A = \frac{1}{2} a \cdot b$$
$$u = a + b + c$$

Satz des Pythagoras:	$a^2 + b^2 = c^2$
Höhensatz:	$h^2 = p \cdot q$
Kathetensatz:	$a^2 = c \cdot p$
	$b^2 = c \cdot q$

Rechteck

$A = a \cdot b$

$u = 2a + 2b = 2 \cdot (a + b)$

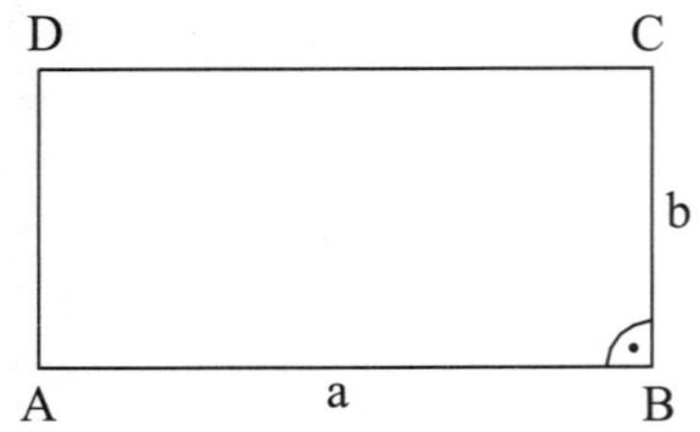

Quadrat

$A = a^2$

$u = 4 \cdot a$

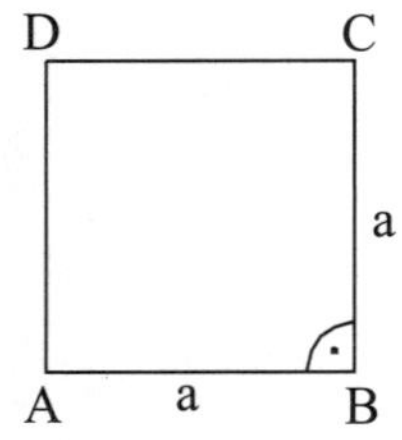

Parallelogramm

$\alpha + \beta = 180°$

$A = a \cdot h_a$

$u = 2a + 2b = 2 \cdot (a + b)$

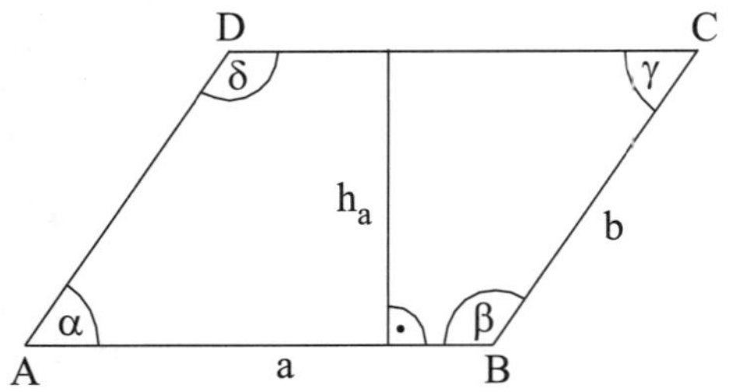

Trapez

$A = \frac{1}{2} \cdot (a + c) \cdot h$

$u = a + b + c + d$

$a \parallel c$

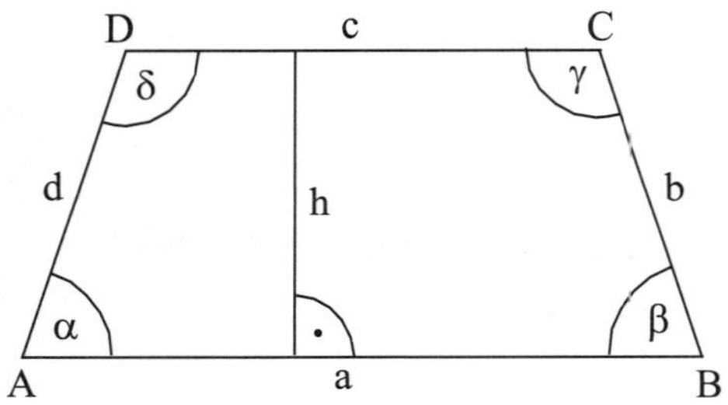

Kreis

r: Radius

d: Durchmesser

$A = \pi \cdot r^2 = \frac{\pi}{4} \cdot d^2$

$u = 2\pi r = d\pi$

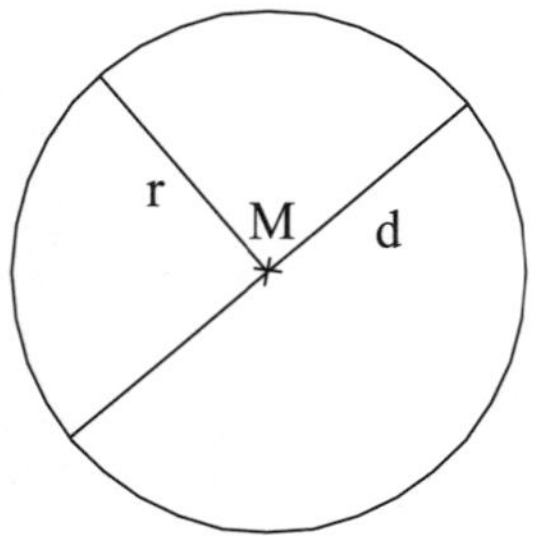

Aufgaben

61. Ein Dreieck hat die Seiten $a=5$ cm, $c=7$ cm und die Höhe $h_c=2{,}8$ cm.

a) Berechne den Flächeninhalt des Dreiecks.

b) Berechne die Länge der Höhe h_a.

62. a) Ein Dreieck besitzt die Winkel $\alpha=58°$ und $\beta=47°$.
Bestimme Winkel γ.

b) Gibt es ein Dreieck mit zwei stumpfen Winkeln?

63. Ein rechtwinkliges Dreieck hat die Hypotenuse $c=6{,}5$ cm und die Kathete $a=2{,}5$ cm.

a) Berechne die Länge der Seite b.

b) Berechne den Flächeninhalt des Dreiecks.

c) Berechne die Höhe h_c.

d) Berechne die Hypotenusenabschnitte p und q.

64. Ein Rechteck hat einen Umfang von 42 cm. Seine Länge ist doppelt so groß wie die Breite.

a) Berechne die Längen der Seiten.

b) Berechne den Flächeninhalt des Rechtecks.

c) Berechne die Länge einer Diagonale.

65. a) Ein Quadrat hat den Umfang 44 cm. Berechne die Seitenlänge und den Flächeninhalt.

b) Ein Quadrat hat den Flächeninhalt $90{,}25\ \text{cm}^2$.
Berechne die Seitenlänge und den Umfang.

66. Ein Parallelogramm hat die Seiten $a=5$ cm und $b=4{,}5$ cm sowie den Flächeninhalt $A=20\ \text{cm}^2$.

a) Berechne die Höhe h_a.

b) Berechne den Umfang des Parallelogramms.

67. a) Ein Trapez hat die parallelen Seiten $a=7$ cm und $c=3$ cm und die Höhe $h=2{,}5$ cm.
Berechne seinen Flächeninhalt.

b) Ein Trapez hat die parallelen Seiten a und c, Seite $a=8$ cm, die Höhe $h=4$ cm und den Flächeninhalt $24\ \text{cm}^2$.
Wie lang ist die Seite c?

68. Ein gleichschenkliges Trapez mit den parallelen Seiten a und c hat die Seiten $a=10$ cm, $b=7$ cm und die Höhe $h=6$ cm.

a) Bestimme die Länge der Seite c und den Umfang des Trapezes.

b) Berechne den Flächeninhalt des Trapezes.

69. a) Ein Kreis hat den Radius $r=4{,}5$ cm. Bestimme seinen Umfang und seinen Flächeninhalt.

b) Ein Kreis hat den Flächeninhalt $26{,}6\ \text{cm}^2$. Berechne seinen Radius und seinen Umfang.

c) Ein Kreis hat den Umfang 12,8 cm. Berechne seinen Radius und seinen Flächeninhalt.

Interaktive Aufgaben

1. Dreieck
2. Rechteck
3. Parallelogramm
4. Raute
5. Trapez
6. Drachen
7. Hypotenuse bestimmen
8. Kathete bestimmen
9. Zweimal Pythagoras
10. Ist das Dreieck rechtwinklig?
11. Seite gesucht
12. Spielplatz
13. Fernseher
14. Kathete bestimmen
15. Fläche bestimmen
16. Höhe bestimmen
17. Winkelmaß bestimmen
18. Torwand
19. In- und Umkreis
20. Kamerawagen
21. Kreisbogenlänge
22. Radius berechnen
23. Fläche berechnen
24. Fläche berechnen
25. Fläche berechnen

14. Körper

V: Volumen
O: Oberfläche

Würfel

$V = a^3$
$O = 6 \cdot a^2$

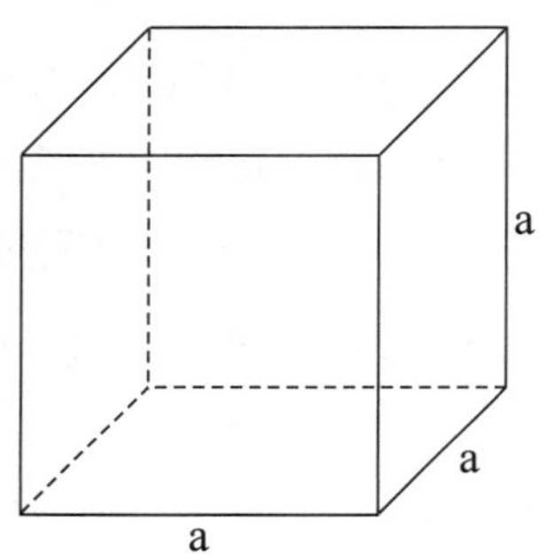

Quader

$V = a \cdot b \cdot c$
$O = 2(ab + ac + bc)$

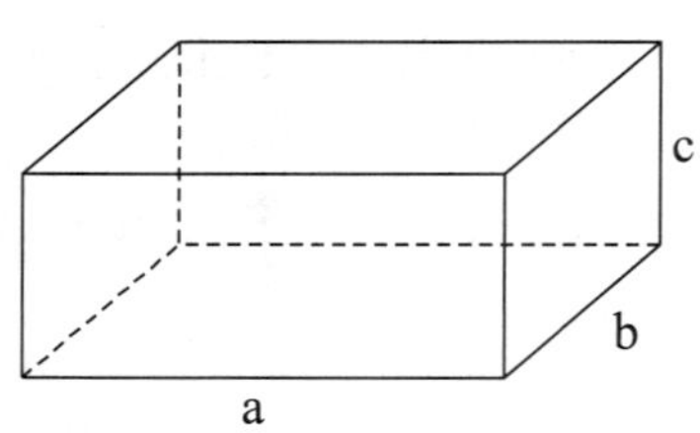

Prisma

G: Grundfläche
h: Körperhöhe
M: Mantelfläche

$V = G \cdot h$
$M = u \cdot h = A_1 + A_2 + \ldots + A_n$,
falls die Grundfläche ein n-Eck ist.
$O = 2 \cdot G + M$

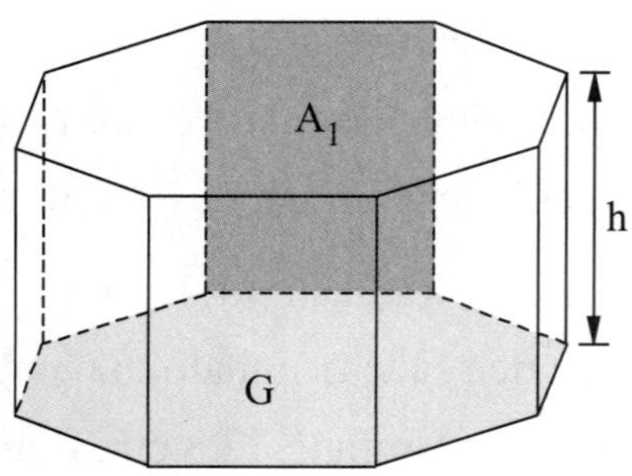

Pyramide

$V = \frac{1}{3} G \cdot h$

$M = A_1 + A_2 + \ldots + A_n$,

falls die Grundfläche ein n-Eck ist.

$O = G + M$

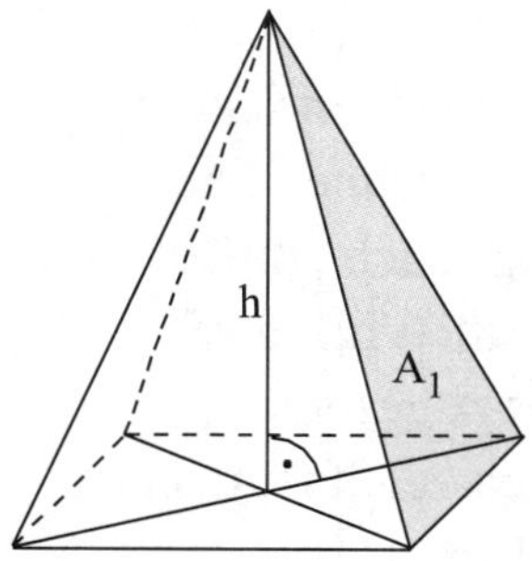

Zylinder

$d = 2r$

$V = \pi r^2 h = \frac{\pi}{4} d^2 h$

$M = \pi dh = 2\pi rh$

$O = 2\pi r^2 + 2\pi rh = \frac{\pi}{2} d^2 + \pi dh$

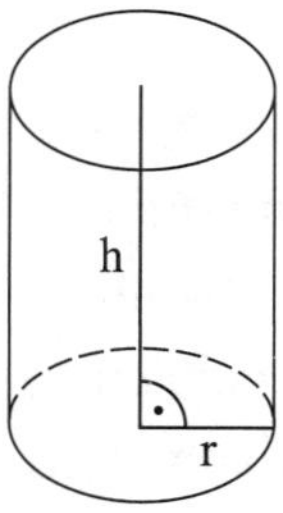

Kegel

s: Mantellinie

$s^2 = h^2 + r^2$

$V = \frac{1}{3} \pi r^2 h = \frac{1}{12} \pi d^2 h$

$M = \pi rs = \frac{\pi}{2} ds$

$O = \pi r^2 + \pi rs = \frac{\pi}{4} d^2 + \frac{\pi}{2} ds$

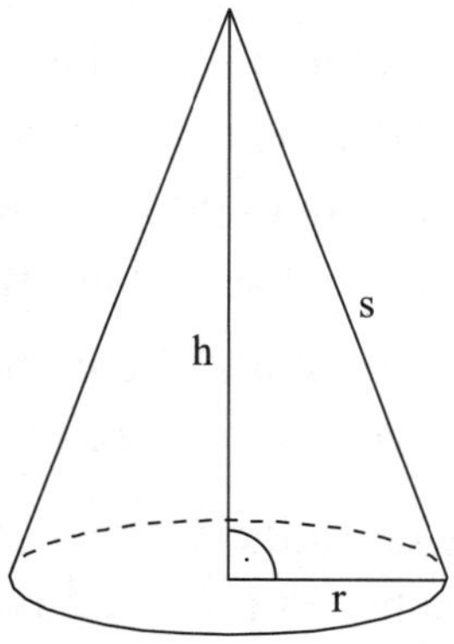

Kugel

$V = \frac{4}{3} \pi r^3 = \frac{1}{6} \pi d^3$

$O = 4\pi r^2 = \pi d^2$

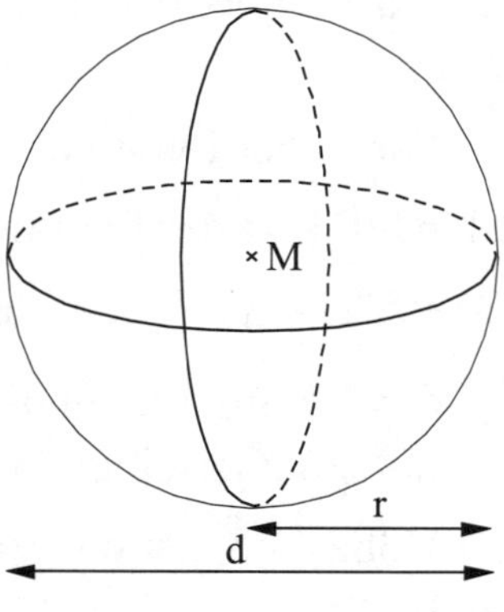

Hinweise zum Anfertigen des Schrägbildes eines Körpers
Alle Kanten in Breiten- und Höhenrichtung werden in wahrer Länge gezeichnet. Die **Kanten in Tiefenrichtung** (nach „hinten“ laufende Kanten) werden **im Winkel 45°** und **um die Hälfte verkürzt** gezeichnet. Die nicht sichtbaren Kanten zeichnet man gestrichelt (Strich-Strich-Linie).

Beispiel:
Zeichne das Schrägbild eines Würfels der Kantenlänge 2 cm.

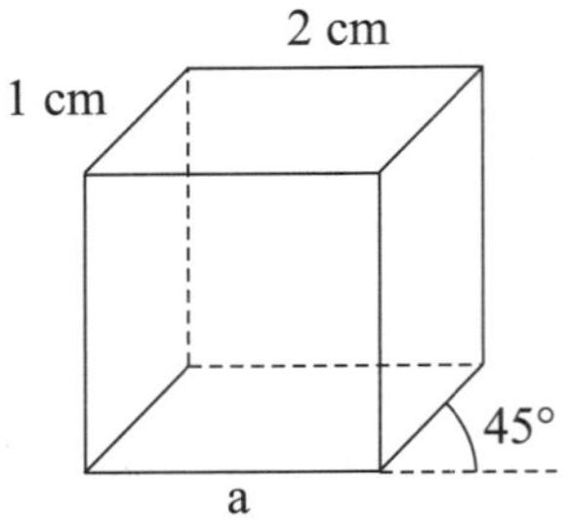

Aufgaben

70. a) Ein Würfel hat eine Kantenlänge von 7 cm.
Berechne seine Oberfläche und sein Volumen.

b) Ein Würfel hat eine Oberfläche von 121,5 cm^2.
Berechne seine Kantenlänge und sein Volumen.

e) Ein Würfel hat ein Volumen von 3,375 cm^3.
Berechne seine Kantenlänge und seine Oberfläche.

71. a) Ein Quader ist 2,5 cm breit, 7 cm lang und 4 cm hoch.
Berechne seine Oberfläche und sein Volumen.

b) Ein Quader ist 9 cm lang und 2,5 cm breit. Sein Volumen beträgt 144 cm^3.
Berechne seine Höhe und seine Oberfläche.

c) Ein Quader ist 4 cm breit und 5 cm hoch, seine Oberfläche beträgt 148 cm^2.
Berechne seine Länge und sein Volumen.

72. Ein Prisma hat ein gleichseitiges Trapez mit den Seiten $a = 8$ cm, $c = 4{,}2$ cm und der Höhe $h_T = 5$ cm als Grundfläche. Es ist 3 cm hoch.
Berechne Grundfläche, Mantelfläche, Oberfläche und Volumen des Prismas.

73. Eine gerade Pyramide hat ein Rechteck mit den Seitenlängen 6 cm und 8 cm als Grundfläche und die Höhe $h = 7$ cm.

a) Berechne das Volumen der Pyramide.

b) Berechne die Mantelfläche der Pyramide.

c) Berechne die Oberfläche der Pyramide.

74. a) Ein Zylinder hat den Radius 1,6 cm und die Höhe 5 cm.
Berechne sein Volumen und seine Oberfläche.

b) Ein Zylinder der Höhe 4 cm hat das Volumen 36,6 cm^3.
Berechne seinen Radius und seine Oberfläche.

c) Ein Zylinder hat die Mantelfläche 14,8 cm^2 und die Höhe 1,6 cm.
Berechne seinen Radius und sein Volumen.

75. a) Ein Kegel hat den Radius r = 2,4 cm und die Höhe h = 4,5 cm.
Berechne sein Volumen und seine Oberfläche.

b) Ein Kegel mit dem Radius 3,5 cm hat die Mantelfläche 42,8 cm^2.
Berechne seine Höhe und sein Volumen.

76. a) Eine Kugel hat den Radius r = 2,2 cm.
Berechne ihre Oberfläche und ihr Volumen.

b) Eine Kugel hat die Oberfläche 62,8 cm^2.
Berechne ihren Radius und ihr Volumen.

c) Eine Kugel hat das Volumen 122,8 cm^3.
Berechne ihren Radius und ihre Oberfläche.

Interaktive Aufgaben

1. Prisma rechteckige Grundfläche
2. Prisma dreieckige Grundfläche
3. Netz
4. Kakaodose
5. Einbeschriebener Zylinder
6. Farbeimer
7. Tetraeder
8. Volumen quadratische Pyramide
9. Volumen rechteckige Pyramide
10. Höhe quadratische Pyramide
11. Volumen quadratische Pyramide
12. Mantellinie Kegel
13. Oberfläche Kegel
14. Tipi
15. Bowlingkugel
16. Planet
17. Zusammengesetzter Körper
18. Dämmung
19. Restkörper

15. Trigonometrie

Definitionen am **rechtwinkligen Dreieck**

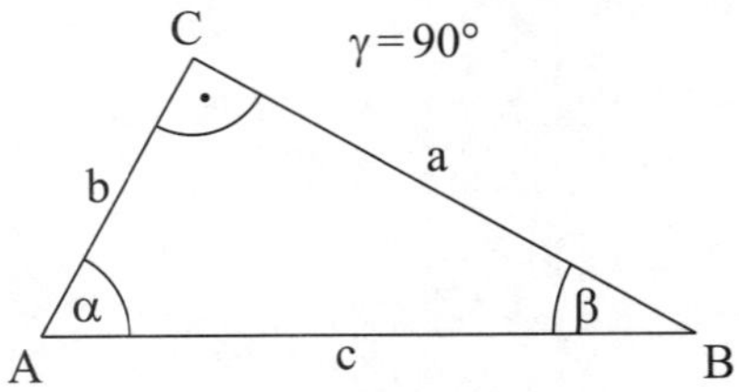

$$\sin\alpha = \frac{a}{c} = \frac{\text{Gegenkathete}}{\text{Hypotenuse}}$$

$$\cos\alpha = \frac{b}{c} = \frac{\text{Ankathete}}{\text{Hypotenuse}}$$

$$\tan\alpha = \frac{a}{b} = \frac{\text{Gegenkathete}}{\text{Ankathete}}$$

Beispiel:

geg.: $a = 7\text{ cm}$, $\beta = 36°$, $\alpha = 90°$ ges.: b, c, γ, A

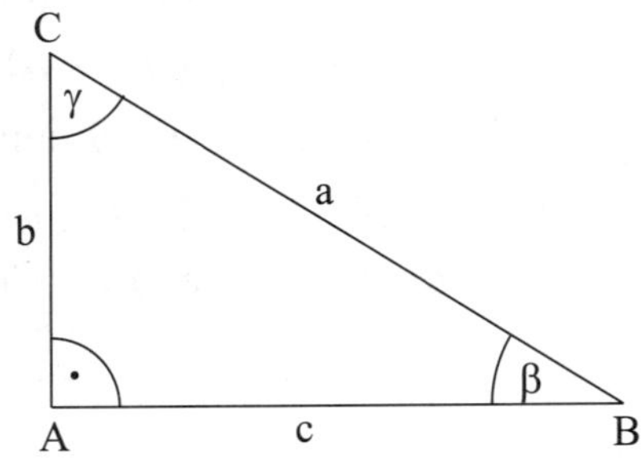

$$\sin\beta = \frac{b}{a}$$

$$b = \sin\beta \cdot a$$

$$b = \sin 36° \cdot 7\text{ cm}$$

$$\underline{\underline{b \approx 4{,}1\text{ cm}}}$$

$$\cos\beta = \frac{c}{a}$$

$$c = \cos\beta \cdot a$$

$$c = \cos 36° \cdot 7\text{ cm}$$

$$\underline{\underline{c \approx 5{,}7\text{ cm}}}$$

oder Satz des Pythagoras

$$a^2 = b^2 + c^2$$

$$c^2 = a^2 - b^2$$

$$c^2 = 49\text{ cm}^2 - 16{,}81\text{ cm}^2$$

$$\underline{\underline{c \approx 5{,}7\text{ cm}}}$$

$$\sin\gamma = \frac{c}{a}$$

$$\sin\gamma = \frac{5{,}7\text{ cm}}{7\text{ cm}}$$

$$\underline{\underline{\gamma = 54°}}$$

oder Winkelsumme im Dreieck

$$\gamma = 180° - 90° - 36°$$

$$\underline{\underline{\gamma = 54°}}$$

$$A = \frac{b \cdot c}{2}$$

$$A = \frac{4{,}1\text{ cm} \cdot 5{,}7\text{ cm}}{2}$$

$$\underline{\underline{A \approx 11{,}69\text{ cm}^2}}$$

Berechnungen am **allgemeinen Dreieck**

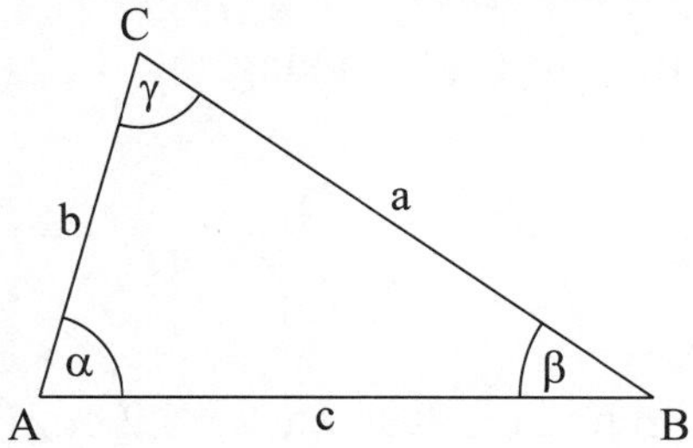

Sinussatz: $\frac{a}{\sin\alpha} = \frac{b}{\sin\beta} = \frac{c}{\sin\gamma}$

Kosinussatz: $a^2 = b^2 + c^2 - 2bc \cdot \cos\alpha$

$b^2 = a^2 + c^2 - 2ac \cdot \cos\beta$

$c^2 = a^2 + b^2 - 2ab \cdot \cos\gamma$

Mithilfe des Kosinussatzes kann man auch die **Winkel berechnen**.

$$a^2 = b^2 + c^2 - 2bc \cdot \cos\alpha \quad | + 2bc \cdot \cos\alpha$$

$$2bc \cdot \cos\alpha + a^2 = b^2 + c^2 \quad | - a^2$$

$$2bc \cdot \cos\alpha = b^2 + c^2 - a^2 \quad | : 2bc$$

$$\cos\alpha = \frac{b^2 + c^2 - a^2}{2bc}$$

Analog gilt dann:

$$\cos\beta = \frac{a^2 + c^2 - b^2}{2ac}$$

$$\cos\gamma = \frac{a^2 + b^2 - c^2}{2ab}$$

Flächeninhalt

$$A = \frac{1}{2} a \cdot b \cdot \sin\gamma$$

$$A = \frac{1}{2} a \cdot c \cdot \sin\beta$$

$$A = \frac{1}{2} b \cdot c \cdot \sin\alpha$$

Beispiel:

geg.: b = 8,7 cm; c = 4,6 cm; $\beta = 108{,}2°$ ges.: a, α, γ, A

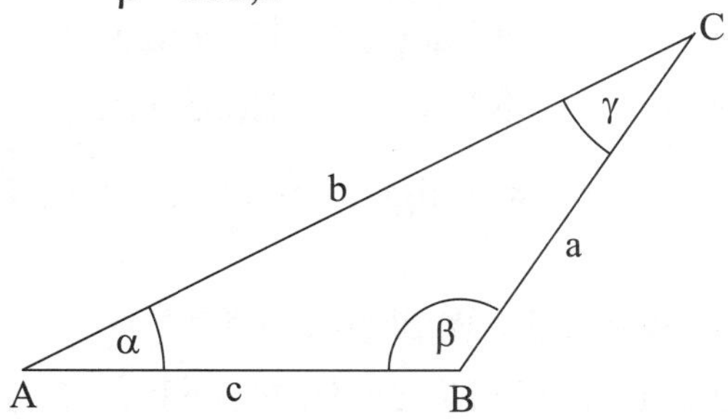

Berechnung von γ mit dem Sinussatz:

$$\frac{b}{\sin\beta} = \frac{c}{\sin\gamma}$$

$$\sin\gamma = \frac{c \cdot \sin\beta}{b}$$

$$\sin\gamma = \frac{4{,}6\text{ cm} \cdot \sin 108{,}2°}{8{,}7\text{ cm}}$$

$$\sin\gamma = 0{,}50228$$

$$\gamma = 30{,}15°$$

Berechnung von α mit der Innenwinkelsumme:

$$\alpha = 180° - 108{,}2° - 30{,}15°$$

$$\alpha = 41{,}65°$$

Berechnung von a mit dem Kosinussatz:

$$a^2 = b^2 + c^2 - 2bc \cdot \cos\alpha$$

$$a^2 = 75{,}69\text{ cm}^2 + 21{,}16\text{ cm}^2 - 59{,}807362\text{ cm}^2$$

$$a^2 = 37{,}042638\text{ cm}^2$$

$$a = 6{,}1\text{ cm}$$

Berechnung von A:

$$A = \frac{1}{2} a \cdot b \cdot \sin\gamma$$

$$A = \frac{1}{2} \cdot 6{,}1\text{ cm} \cdot 8{,}7\text{ cm} \cdot \sin 30{,}15°$$

$$A = 13{,}33\text{ cm}^2$$

Aufgaben

77. In einem rechtwinkligen Dreieck sind die Katheten a = 9,9 cm und b = 13,2 cm lang.

a) Berechne die Winkel α und β.

b) Berechne die Länge der Hypotenuse c.

c) Berechne die Länge der Höhe h_c.

78. In einem rechtwinkligen Dreieck sind die Hypotenuse c = 9,2 cm und die Kathete a = 4,2 cm lang.

a) Berechne die Winkel α und β.

b) Berechne die Länge der Höhe h_c.

c) Berechne die Länge der Kathete b.

79. In einem Dreieck sind die Seite a = 7,6 cm und die Winkel $\alpha = 68°$ und $\beta = 42°$ bekannt.
Berechne den Winkel γ, die Länge der Seiten b und c sowie den Flächeninhalt des Dreiecks.

80. In einem Dreieck sind die Seiten a = 4,2 cm, c = 8,4 cm und der Winkel $\beta = 53°$ gegeben.
Berechne die Seite b sowie die Winkel α und γ.
Wie groß ist der Flächeninhalt des Dreiecks?

81. Ein Dreieck hat den Flächeninhalt 164,8 cm^2. Der Winkel γ beträgt 82° und die Seite a ist 12,4 cm lang.
Berechne die übrigen Seiten und Winkel des Dreiecks.

Interaktive Aufgaben

1. Seite bestimmen
2. Seite und Winkel bestimmen
3. Gebäudehöhe bestimmen
4. Hängebrücke
5. Winkel berechnen
6. Seite berechnen
7. Fläche berechnen
8. Seite berechnen
9. Winkel berechnen
10. Winkel berechnen in 2 Schritten
11. Feuer

16. Ähnlichkeit und Strahlensätze

Maßstab

Der (positive) Maßstab k gibt das Verhältnis einer Länge im Bild zur entsprechenden Länge in der Wirklichkeit an:

$$\text{Maßstab } k = \frac{\text{Länge im Bild}}{\text{Länge in Wirklichkeit}}$$

Maßstab k = Bild : Wirklichkeit

Für den Maßstab k gilt:
$k<1$: Länge wird **verkleinert**
$k=1$: Länge in Bild und Wirklichkeit **identisch**
$k>1$: Länge wird **vergrößert**

Beispiel:
Maßstab 1 : 500 bedeutet:
1 cm im Bild entspricht 500 cm in Wirklichkeit.
Anders ausgedrückt ist der Maßstab auch:
$k = 1:500 = \frac{1}{500} = 0,002$
Das Original wird mit dem Faktor 0,002 verkleinert.

Vergrößern und Verkleinern von Figuren

Eine Figur wird im Maßstab k vergrößert oder verkleinert, indem man alle Streckenlängen mit dem positiven Faktor k multipliziert:
Länge im Bild = k · Länge im Original

Bildfigur und Originalfigur nennt man **zueinander ähnlich**. Der **Maßstab k** heißt auch **Ähnlichkeitsfaktor**.

Beispiel:

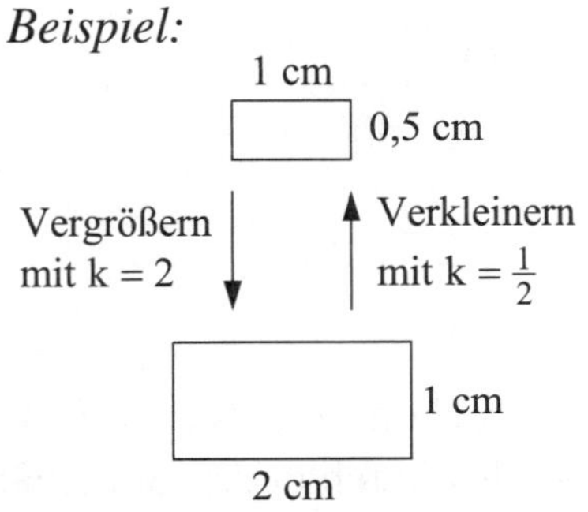

Zentrische Streckung

Die zentrische Streckung ist eine Ähnlichkeitsabbildung, die eine Figur vom Streckzentrum Z aus um den Streckfaktor k vergrößert oder verkleinert.

Grafische Durchführung:

- Punkt P der Originalfigur und das Streckzentrum Z werden miteinander verbunden und die Länge der Strecke $\overline{PZ}$ wird gemessen.
- Den Bildpunkt P' erhält man, indem man die Strecke der Länge $\overline{P'Z} = k \cdot \overline{PZ}$ auf der Geraden PZ abträgt.

Beispiel:

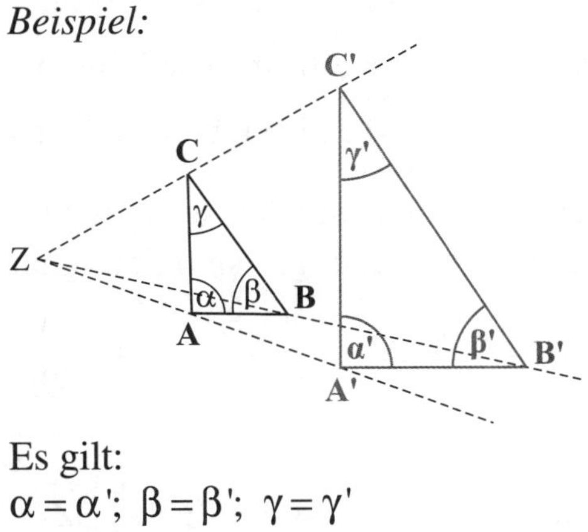

Es gilt:
$\alpha = \alpha'$; $\beta = \beta'$; $\gamma = \gamma'$
$\overline{AB} \parallel \overline{A'B'}$; $\overline{BC} \parallel \overline{B'C'}$; $\overline{CA} \parallel \overline{C'A'}$

Strahlensätze

Strahlensätze

Werden zwei sich schneidende Geraden von einem Parallelenpaar geschnitten, gelten die Strahlensätze.

1. Strahlensatz:

$$\frac{\overline{ZA}}{\overline{ZA'}} = \frac{\overline{ZB}}{\overline{ZB'}} \qquad \frac{\overline{ZA}}{\overline{AA'}} = \frac{\overline{ZB}}{\overline{BB'}} \qquad \frac{\overline{ZA'}}{\overline{AA'}} = \frac{\overline{ZB'}}{\overline{BB'}}$$

2. Strahlensatz:

$$\frac{\overline{AB}}{\overline{A'B'}} = \frac{\overline{ZA}}{\overline{ZA'}} \qquad \frac{\overline{AB}}{\overline{A'B'}} = \frac{\overline{ZB}}{\overline{ZB'}}$$

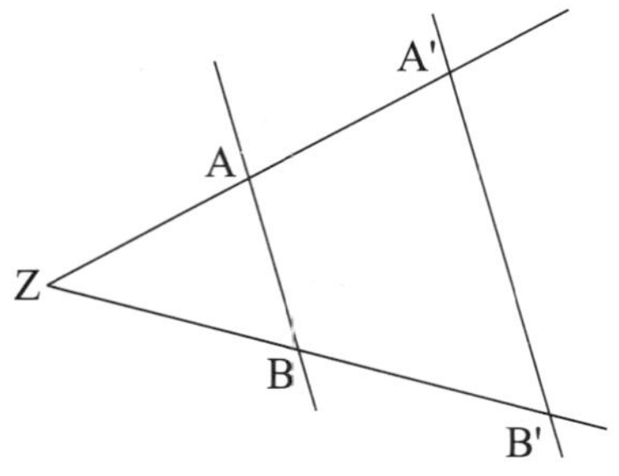

Aufgaben

82. Berechne die fehlenden Werte und trage sie in die Tabelle ein.

	Maßstab	Länge im Bild	Länge in Wirklichkeit
a)	1 : 1 000	5,3 cm	
b)	1 : 2 500 000	0,01 mm	
c)	1 : 150		30 m
d)		32,8 cm	65,6 km

83. Die Dreiecke ABC und A'B'C' sind ähnlich.
Berechne jeweils die fehlenden Seitenlängen.

a) $a = 7{,}5$ cm; $b = 12{,}5$ cm; $c = 15$ cm; $c' = 6$ cm

b) $a = 2$ cm; $b = 2{,}5$ cm; $b' = 1{,}25$ cm; $c' = 2$ cm

c) $b = 1{,}6$ cm; $c = 5{,}6$ cm; $a' = 6$ cm; $b' = 2$ cm

d) $c = 3$ cm; $a' = 9{,}45$ cm; $b' = 18{,}9$ cm; $c' = 13{,}5$ cm

84. In der Zeichnung sind die Geraden g und h parallel.
Welche der Gleichungen sind richtig und welche falsch?

a) $\frac{\overline{ZA}}{\overline{ZC}} = \frac{\overline{ZB}}{\overline{ZD}}$

b) $\frac{\overline{ZD}}{\overline{ZB}} = \frac{\overline{AB}}{\overline{CD}}$

c) $\frac{\overline{ZA}}{\overline{ZC}} = \frac{\overline{AB}}{\overline{CD}}$

d) $\frac{\overline{ZA}}{\overline{ZA} + \overline{ZC}} = \frac{\overline{ZB}}{\overline{ZD}}$

e) $\frac{\overline{ZA}}{\overline{ZA} + \overline{AC}} = \frac{\overline{AB}}{\overline{CD}}$

f) $\frac{\overline{ZA}}{\overline{ZB}} = \frac{\overline{AB}}{\overline{CD}}$

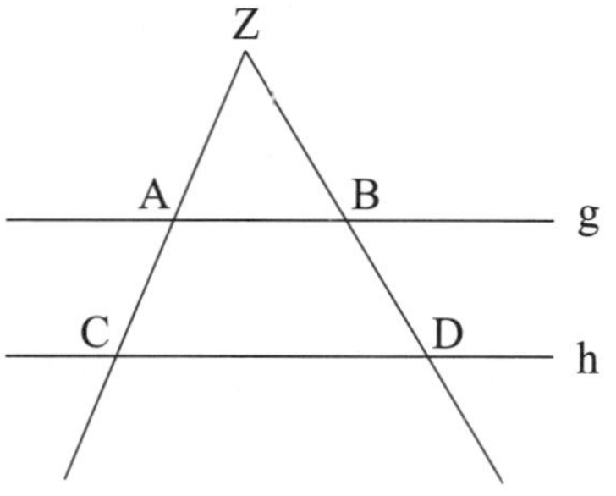

85. Berechne die Längen der Strecken $\overline{AD}$ und $\overline{DE}$ in der Zeichnung, wenn gilt:
$\overline{AB} = 5\,cm$
$\overline{BC} = 4{,}5\,cm$
$\overline{CA} = 6\,cm$
$\overline{CE} = 3\,cm$

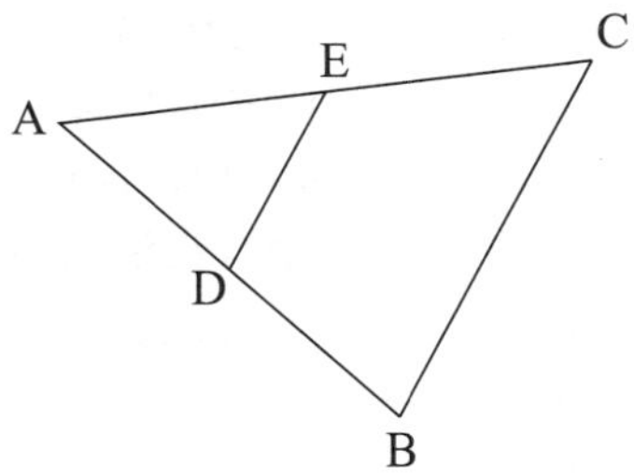

Interaktive Aufgaben

1. Ähnliche Dreiecke
2. Dreieck zeichnen
3. Strecke bestimmen
4. Strecke bestimmen
5. Strecke bestimmen
6. Straßen

17. Wahrscheinlichkeitsrechnung

Ergebnismenge Ω

Die Ergebnismenge Ω ist die Menge aller möglichen Ergebnisse eines Zufallsexperimentes.

Beispiel:
Würfeln mit einem Würfel
$\Omega = \{1; 2; 3; 4; 5; 6\}$

Absolute Häufigkeit H

Tritt ein Ereignis E bei n Durchführungen eines Zufallsexperimentes H mal auf, so nennt man H die absolute Häufigkeit.

Beispiel:
Mit einem Würfel wird 100-mal gewürfelt.
Dabei fällt 14-mal die Sechs.
⇒ 14 absolute Häufigkeit des Ereignisses „Würfel zeigt die Sechs"

Relative Häufigkeit h(E)

$$\text{relative Häufigkeit} = \frac{\text{absolute Häufigkeit}}{\text{Anzahl der Versuche}}$$

$$\mathbf{h(E) = \frac{H}{n}}$$

Beispiel:
14-mal wurde die Sechs gewürfelt
= absolute Häufigkeit H
100 Versuche wurden durchgeführt
= Anzahl n

$$h(E) = \frac{14}{100} = 0{,}14 = 14\,\%$$

Wahrscheinlichkeit P(E)

$$\text{Wahrscheinlichkeit } P(E) = \frac{\text{Anzahl der Ergebnisse, bei denen E eintritt}}{\text{Anzahl aller möglichen Ergebnisse}}$$

Beispiel:
Werfen eines Würfels
Wie groß ist die Wahrscheinlichkeit, eine 1 zu würfeln?
$\Omega = \{1; 2; 3; 4; 5; 6\}$

$$P(1) = \frac{1}{6} = 0{,}167 = 16{,}7\,\%$$

Mehrstufige Zufallsexperimente

Ein mehrstufiges Zufallsexperiment kann durch ein **Baumdiagramm** veranschaulicht werden. Ein **Elementarereignis** kann als ein Pfad im Baumdiagramm gedeutet werden. Die Summe aller Wahrscheinlichkeiten, die von einem Verzweigungspunkt ausgehen, ist stets 1. Bei der Berechnung von Wahrscheinlichkeiten helfen die Pfadregeln.

Beispiel:
Dreimaliges Werfen einer Münze
$\Rightarrow$ es fällt entweder Wappen (W) oder Zahl (Z)
Veranschaulicht wird der Versuch an einem **Baumdiagramm.**

Baumdiagramm

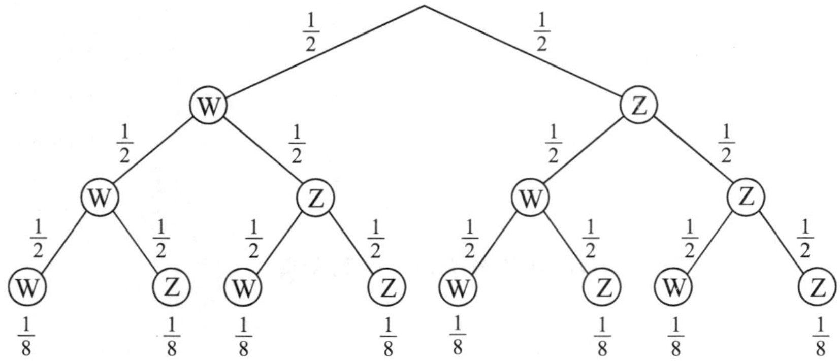

1. Pfadregel (Produktregel)

Im Baumdiagramm ist die Wahrscheinlichkeit eines Pfades gleich dem Produkt der Wahrscheinlichkeiten auf den Teilstrecken des Pfades.

Wie groß ist die Wahrscheinlichkeit, dass dreimal hintereinander Zahl (Z) fällt?

$$P(Z; Z; Z) = \frac{1}{2} \cdot \frac{1}{2} \cdot \frac{1}{2} = \frac{1}{8} = 0{,}125 = 12{,}5\ \%$$

2. Pfadregel (Summenregel)

Die Wahrscheinlichkeit eines Ereignisses ist gleich der Summe der Wahrscheinlichkeiten, die zu diesem Ereignis führen.

Wie groß ist die Wahrscheinlichkeit, dass beim dreimaligen Werfen zweimal hintereinander Wappen (W) fällt?

$$P(E) = P\big((W; W; W); (W; W; Z); (Z; W; W)\big)$$

$$P(E) = \frac{1}{8} + \frac{1}{8} + \frac{1}{8} = \frac{3}{8} = 0{,}375 = 37{,}5\ \%$$

Aufgaben

86. Peter würfelt mit einem Würfel, der auf zwei Seitenflächen einen roten Kreis, auf zwei Seitenflächen einen grünen Kreis und auf je einer Seitenfläche ein Kleeblatt und ein Herz trägt.

a) Wie groß ist die Wahrscheinlichkeit, „Kleeblatt“ zu würfeln?

b) Wie groß ist die Wahrscheinlichkeit, einen „roten Kreis“ zu würfeln?

c) Wie groß ist die Wahrscheinlichkeit, viermal nacheinander einen „grünen Kreis“ zu würfeln?

d) Wie groß ist die Wahrscheinlichkeit, viermal nacheinander ein „Herz“ zu würfeln?

e) Wie groß ist die Wahrscheinlichkeit, bei vier Würfen genau einmal „Herz“ zu würfeln?

87. Sonja wirft mit drei Münzen gleichzeitig, und zwar mit je einer (deutschen) 1-Cent, 2-Cent und 5-Cent-Münze.

a) Wie groß ist die Wahrscheinlichkeit dafür, dass alle drei Münzen „Zahl" zeigen?

b) Wie groß ist die Wahrscheinlichkeit dafür, dass mindestens eine Münze „Eichenlaub" zeigt?

c) Wie groß ist die Wahrscheinlichkeit dafür, dass bei zwei nacheinander ausgeführten Würfen mit den drei Münzen beide Male alle drei Münzen „Zahl" zeigen?

d) Die drei Münzen werden wieder zweimal nacheinander geworfen. Wie groß ist die Wahrscheinlichkeit dafür, dass dabei genau eine Münze „Zahl" zeigt?

88. Bei einer Tombola sind 500 Lose zu verkaufen. 50 davon sind Gewinnlose; eines davon ist der Hauptgewinn: eine Reise für zwei Personen nach Paris.

a) Wie groß ist die Wahrscheinlichkeit, dass ein gekauftes Los den Hauptgewinn bringt?

b) Wie groß ist die Wahrscheinlichkeit, ein Gewinnlos zu ziehen, aber nicht den Hauptgewinn?

c) Jasmin kauft als Erste zwei Lose.
Wie groß ist die Wahrscheinlichkeit dafür, dass genau eines der Lose ein Gewinnlos ist? Zeichne ein Baumdiagramm.

d) Wie groß ist die Wahrscheinlichkeit, dass Jasmin mindestens ein Gewinnlos bekommt?

Interaktive Aufgaben

1. Glücksrad
2. Pläne
3. Urne
4. Baumdiagramm ausfüllen (mit ZL)
5. Baumdiagramm ausfüllen (ohne ZL)
6. Produktformel (mit ZL)
7. Produktformel (ohne ZL)
8. Lose
9. Urne mit ZL
10. Urne mit ZL
11. Billard

---

18. Statistik

Anlegen einer Urliste

Beispiel:
Wahl des Schülersprechers einer Klasse

	absolute Häufigkeit	relative Häufigkeit dezimal	relative Häufigkeit prozentual
Peter 卌 II	7	0,23	23 %
Christian 卌 卌 I	11	0,37	37 %
Juliane 卌 卌 II	12	0,40	40 %

Arithmetisches Mittel $\overline{x}$

Das arithmetische Mittel $\overline{x}$ wird berechnet, indem man die Summe aller Werte durch ihre Anzahl dividiert.

Beispiel:
Das Ergebnis einer Klassenarbeit ist in folgender Tabelle zusammengestellt:

Note	1	2	3	4	5	6	
Anzahl der Schüler	2	3	8	5	3	2	23

Berechne das arithmetische Mittel $\overline{x}$!

$$\overline{x} = \frac{2 \cdot 1 + 3 \cdot 2 + 8 \cdot 3 + 5 \cdot 4 + 3 \cdot 5 + 2 \cdot 6}{23}$$

$$= \frac{79}{23} = \mathbf{3{,}43}$$

Zentralwert z

Die Ergebnisse einer Messreihe werden der Größe nach geordnet. Der Wert, der genau in der Mitte steht, ist der Zentralwert z.
(Bei einer geraden Anzahl nimmt man beide mittleren Werte und bildet das arithmetische Mittel.)

Beispiel:
Die Ergebnisse der Klassenarbeit
1; 1; 2; 2; 2; 3; 3; 3; 3; 3; 3; **3**; 3; 4; 4; 4; 4; 4; 5; 5; 5; 6; 6
11 Werte ↓ 11 Werte
Zentralwert z

Spannweite R

Die Spannweite R ist die Differenz zwischen dem größten und dem kleinsten gemessenen Wert.

Beispiel:
Die Körpergröße der Jungen einer 8. Klasse
1,64 m; 1,78 m; 1,81 m; 1,73 m;
1,80 m; 1,72 m; 1,73 m; 1,69 m;
1,74 m; 1,76 m; 1,68 m; 1,80 m

größter Wert: 1,81 m
kleinster Wert: 1,64 m

R = 1,81 m − 1,64 m
R = 0,17 m

Modalwert

Der Modalwert ist der Wert, der in einer Stichprobe am häufigsten auftritt.

Beispiel:
Körpergröße: Modalwert: 1,73 m und 1,80 m

Mittlere Abweichung a

Die mittlere Abweichung a ist die Summe der Beträge der Differenzen der einzelnen Messwerte vom Mittelwert, dividiert durch die Anzahl der Messwerte.

Beispiel:
Körpergrößen:

x_i	$x_i - \overline{x}$
164 cm	–10
168 cm	– 6
169 cm	–5
172 cm	–2
173 cm	–1
173 cm	–1
174 cm	0
176 cm	2
178 cm	4
180 cm	6
180 cm	6
181 cm	7

arithmetisches Mittel: $\overline{x} = \frac{20{,}88\text{ m}}{12}$

$\overline{x} = 1{,}74\text{ m} = 174\text{ cm}$

Berechnung der mittleren Abweichung

$$\mathbf{a = \frac{|x_1 - \overline{x}| + |x_2 - \overline{x}| + \ldots + |x_n - \overline{x}|}{n}}$$

Beispiel:

$$a = \frac{|-10| + |-6| + |-5| + |-2| + \ldots + |7|}{12}$$

$$a = \frac{50}{12} = \mathbf{4{,}17\text{ cm}}$$

Die mittlere Abweichung beträgt 4,17 cm.

Aufgabe

89. Die Teilnehmer einer Tagung sollten sich im Voraus für ein Mittagessen entscheiden. Die Sekretärin faxt die folgende Liste an ein griechisches Restaurant:

Name	Gyros 9,50 €	Puten-gyros 10,50 €	Zeus-teller 13,60 €	Wiener Schnitzel 9,90 €
Altmann	×			
Berger			×	
Cipolla		×		
Drost	×			
Fleischer	×			
Lehmann			×	
Müller, B.				×
Müller, P.	×			
Nolte		×		
Pflaum			×	
Plaumann	×			
Richter				×
Runge			×	
Sauerbier	×			
Strom		×		
Taylor			×	
Zappa		×		

a) Der Kellner macht sich eine Strichliste.
Erstelle in der unten stehenden Tabelle eine Urliste und gib für jedes Gericht die absolute sowie die relative Häufigkeit an (auf zwei Stellen nach dem Komma runden).

Gericht	Strichliste	absolute Häufigkeit	relative Häufigkeit dezimal	relative Häufigkeit prozentual
Gyros				
Putengyros				
Zeusteller				
Wiener Schnitzel				

b) Wie viel Geld gibt jeder Tagungsteilnehmer durchschnittlich für sein Mittagessen aus?

c) Gib den Zentralwert der Preise für die Mittagessen der Tagungsteilnehmer an.

d) Gib die Spannweite der Preise an.

e) Gib den Modalwert an.

f) Trage für die einzelnen Preise x_i die Differenz $x_i - \overline{x}$ ein, wobei $\overline{x}$ das arithmetische Mittel aller Preise ist.
Berechne dann die mittlere Abweichung.

x_i	$x_i - \overline{x}$
9,50 €	
9,50 €	
9,50 €	
9,50 €	
9,50 €	
9,50 €	
9,90 €	
9,90 €	
10,50 €	
10,50 €	
10,50 €	
10,50 €	
13,60 €	
13,60 €	
13,60 €	
13,60 €	
13,60 €	

Interaktive Aufgaben

1. FC Raffzahn
2. Daten (7 Werte)
3. Daten (9 Werte)
4. Spaß-Hockeyturnier
5. Schulmeisterschaft

19. Diagramme

Diagramme

Beispiel:
100-mal mit einem Würfel würfeln

Augen-zahl	absolute Häufigkeit	relative Häufigkeit	
		dezimal	prozentual
1	29	0,29	29 %
2	11	0,11	11 %
3	19	0,19	19 %
4	11	0,11	11 %
5	21	0,21	21 %
6	9	0,09	9 %
	100	1,00	100 %

Darstellung als Säulendiagramm

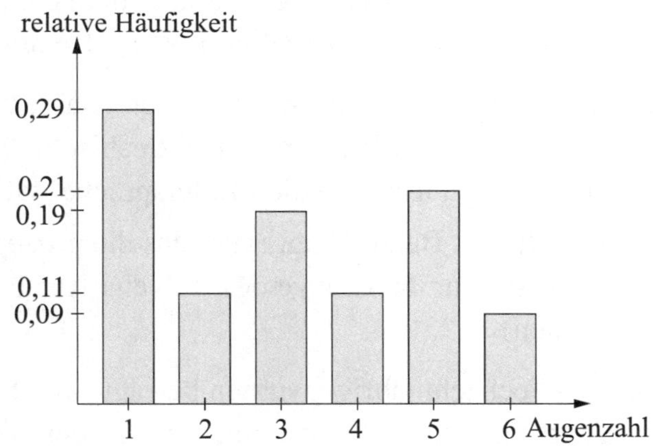

Darstellung als Kreisdiagramm

100 % ≙ 360°
1 % ≙ 3,6°

29 % ≙ $29 \cdot 3{,}6° = 104{,}4°$ für Augenzahl 1
11 % ≙ $11 \cdot 3{,}6° = 39{,}6°$ für Augenzahl 2
19 % ≙ $19 \cdot 3{,}6° = 68{,}4°$ für Augenzahl 3
11 % ≙ $11 \cdot 3{,}6° = 39{,}6°$ für Augenzahl 4
21 % ≙ $21 \cdot 3{,}6° = 75{,}6°$ für Augenzahl 5
9 % ≙ $9 \cdot 3{,}6° = 32{,}4°$ für Augenzahl 6

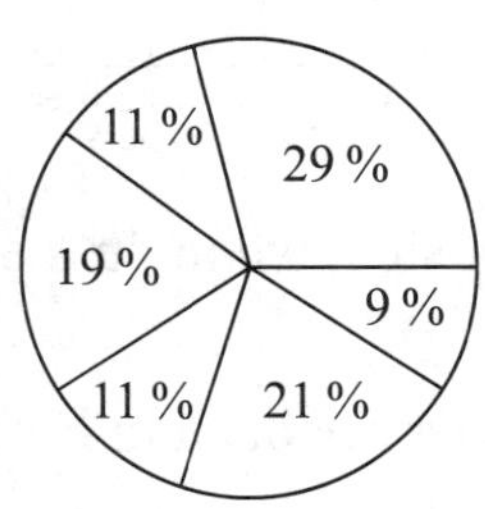

Aufgaben

90. Von den Bewohnern eines Tierheims sind 48 Katzen, 23 Hunde, 17 Hamster, 32 Zwergkaninchen, 9 Schildkröten und 3 Äffchen.

a) Im unten stehenden Säulendiagramm wurde leider vergessen, die jeweilige Tierart einzutragen. Ordne jeder Säule die passende Tierart zu

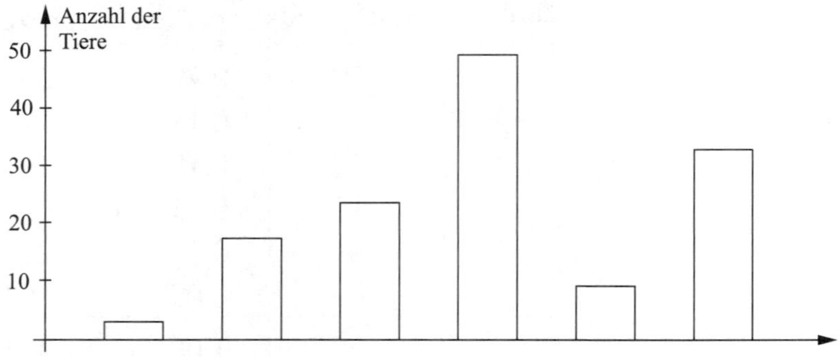

b) Erstelle ein Kreisdiagramm, in dem die prozentualen Anteile der einzelnen Tierarten dargestellt sind. Runde die Prozentsätze auf eine Stelle nach dem Komma.

91. Von den 140 Kindern in den ersten Klassen einer Grundschule haben 85 die Muttersprache Deutsch, 8 die Muttersprache Griechisch, 22 die Muttersprache Türkisch, 13 die Muttersprache Spanisch, 10 die Muttersprache Italienisch und 2 die Muttersprache Arabisch.

Erstelle ein Balkendiagramm, das die prozentualen Anteile der verschiedenen Muttersprachen angibt. (Länge des Balkens 10,5 cm, Prozentsätze auf eine Stelle nach dem Komma runden).

92. 100 Sechzehnjährige wurden befragt, welche elektronischen Geräte sie besitzen. Die Angaben wurden in dem unten stehenden Säulendiagramm zusammengefasst.

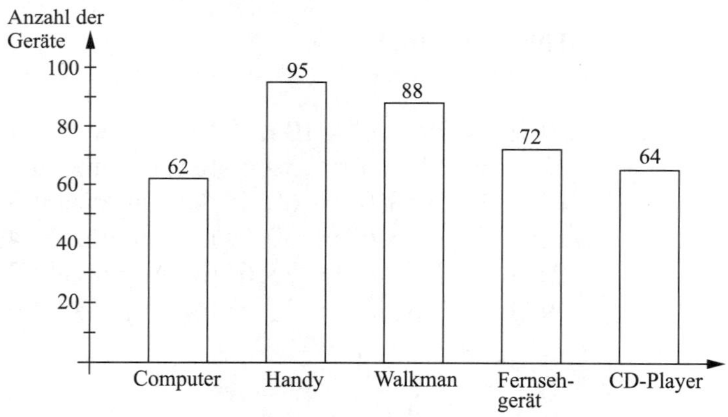

a) Welche Summe ergibt sich, wenn du die Anzahlen aller Geräte zusammenzählst? Wie erklärst du das?

b) 56,8 % der Handybesitzer haben ein Fotohandy. Wie viele Jugendliche sind das?

Interaktive Aufgaben

1. Fußballturnier
2. Säulendiagramm
3. Kreisdiagramm
4. Füllgraph ausschließen
5. Füllgraph zuordnen

Vermischte Übungsaufgaben

Bildnachweis
Deckblatt: Falk Foto & Grafik
S. 61: Tourismus Frutigen, Switzerland / www.visipix.com
S. 62: Parkanlage: University of applied sciences, Waedenswil / www.visipix.com
S. 65: brokenarts / www.sxc.hu
S. 66: ghostfire / www.sxc.hu
S. 67: Pyramiden: www.visipix.com
S. 71: www.visipix.com
S. 72: Raefle, Roland, Bern / www.visipix.com
S. 76: almogon-picture / www.sxc.hu
S. 77: Wettenschwyler, Adrian, Bern / www.visipix.com
S. 78: Centers for Disease Control and Prevention

Vermischte Übungsaufgaben
Aufgabenblock P – Pflichtaufgaben

Aufgabe P 1

P 1.1 Stelle die Gleichung nach r um!

$$V = \frac{1}{3}\pi \cdot r^2 \cdot h$$

P 1.2 Ein quaderförmiges Schwimmbecken mit einer Länge von 12 m und einer Breite von 6 m hat ein Volumen von 136,80 m^3.
Wie tief ist das Schwimmbecken?

P 1.3 Berechne den Term für x = 15 und y = 5!

$$\frac{\frac{4}{5}x - 9y}{\frac{y}{2} + 2{,}5}$$

Aufgabe P 2

P 2.1 Berechne x in der folgenden Gleichung!

$$3x - 9[x - 2(2x + 3)] = 39$$

P 2.2 Herr Lange legt ein Kapital von 5 500 € für zwei Jahre mit einem Zinssatz von 3,25 % an.
Über welches Kapital verfügt er nach Ablauf dieser Zeit? (Die Zinsen werden mitverzinst.)

P 2.3 Berechne die Länge der Strecke $\overline{OM}$!

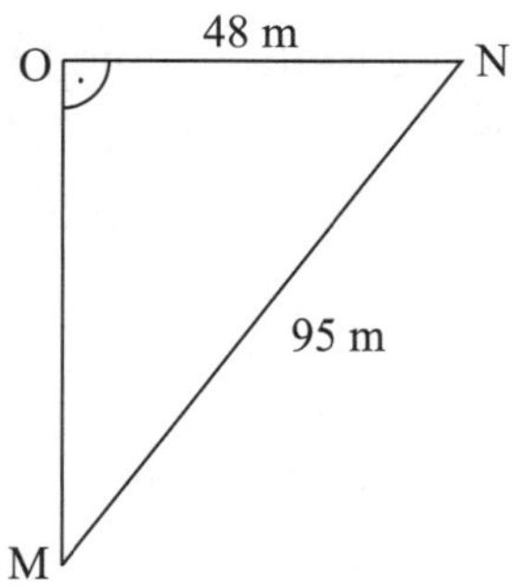

Aufgabe P 3

P 3.1 Berechne! (ohne Taschenrechner)

$$\frac{2{,}5 \cdot 10^2 \cdot 7 \cdot 10^{-3}}{1{,}25 \cdot 10^{-5}} =$$

P 3.2 Ein Lottogewinn wird auf 6 Mitspieler einer Tippgemeinschaft aufgeteilt. Jeder Mitspieler erhält 15 000 €. Wie viel Euro würde jeder Mitspieler erhalten, wenn nur 5 Teilnehmer der Tippgemeinschaft angehören?

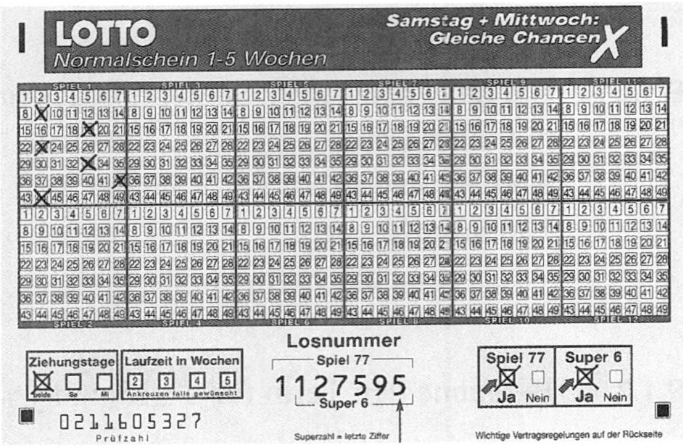

P 3.3 Löse die Gleichung nach x auf!

$2x + (3x + 8)^2 = 4{,}5x(2x - 4) + 30$

P 3.4 Eine lineare Funktion ist durch die folgende Gleichung gegeben:

$f(x) = y = -2x + 3$

Beschreibe mit Worten die Bedeutung der Werte –2 und 3 in der Funktionsgleichung für den Verlauf des Graphen und zeichne diesen!

Aufgabe P 4

P 4.1 Berechne den Flächeninhalt eines Rechtecks, bei dem eine Seitenlänge 175 m und die Diagonale 204 m misst!

P 4.2 Eine Parkanlage umfasst eine Fläche von 8 950 m^2. Davon sind 669,75 m^2 Wege. Wie viel Prozent sind das?

P 4.3 Berechne in Meter!
3 750 m + 0,371 km – 123,85 dm

Aufgabe P 5

P 5.1 Berechne! (ohne Taschenrechner)

$$\frac{5}{8}\cdot\left(-\frac{5}{12}\right)\cdot\frac{2}{5}=$$

P 5.2 Wie hoch ist der Turm?

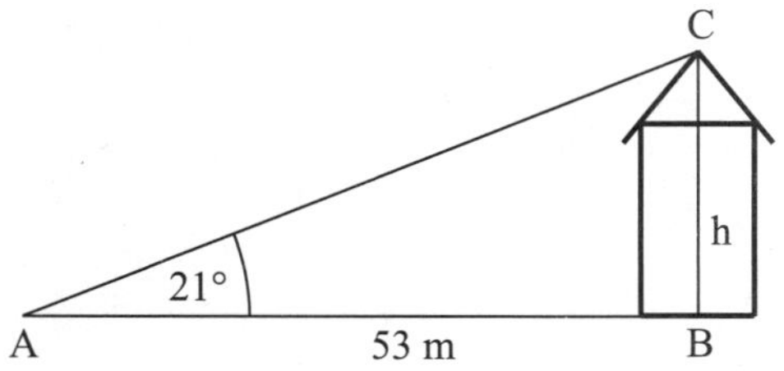

P 5.3 In einer Mathematikarbeit wurde folgendes Ergebnis erreicht:

Note	1	2	3	4	5	6
Anzahl	2	5	7	7	3	1

Berechne den Durchschnitt (arithmetisches Mittel) der Arbeit!

Aufgabe P 6

P 6 Gegeben ist die quadratische Funktion f(x) mit der Gleichung:

$y=f(x)=x^2+6x+5$

P 6.1 Gib die Koordinaten des Scheitelpunktes S an und zeichne die Funktion in ein Koordinatensystem!

P 6.2 Berechne die Nullstellen der Funktion!

P 6.3 Eine Gerade, die durch die Punkte $A(1\,|\,2)$ und $B(-3\,|\,-2)$ geht, schneidet die Parabel. Zeichne die Gerade in das gleiche Koordinatensystem!

P 6.4 Gib die Schnittpunkte der beiden Funktionen an!

Aufgabe P 7

P 7.1 Berechne den Umfang der grau getönten Fläche!

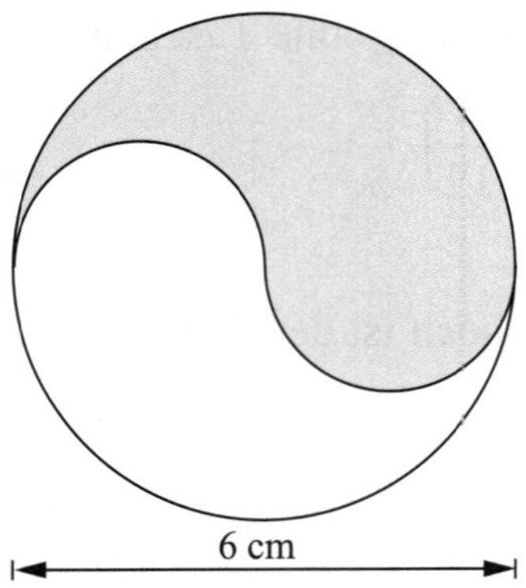

P 7.2 Vereinfache und schreibe ohne Nenner!

$$\frac{7x^3 \cdot z \cdot x}{14y^2 \cdot x \cdot z^2} =$$

P 7.3 Konstruiere ein Dreieck aus folgenden Stücken:

$b = 5{,}8\ \text{cm}$

$c = 4{,}2\ \text{cm}$

$\beta = 49°$

(Fertige vorher eine Planfigur an!)

Aufgabe P 8

P 8.1 Beschreibe die Lage der Funktion $f(x) = y = 2x^2 - 4$ im Koordinatensystem!

P 8.2 Berechne die Höhe in der abgebildeten Fläche!

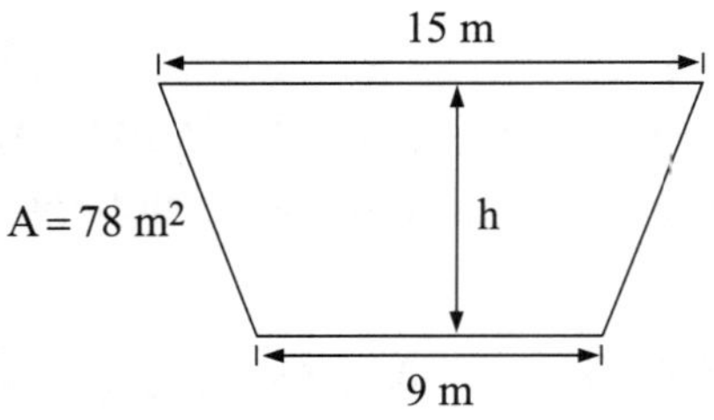

P 8.3 Berechne! (ohne Taschenrechner)

$$3\frac{1}{2} - \left[7 - \left(1\frac{1}{4} + \frac{3}{8}\right) - 1\frac{1}{2}\right] =$$

Aufgabe P 9

P 9.1 Ein Motorroller kostet 2 380 €. Im Preis ist die Mehrwertsteuer von 19 % enthalten. Wie hoch ist die Mehrwertsteuer?

P 9.2 Wie groß sind die Winkel α, β und γ?

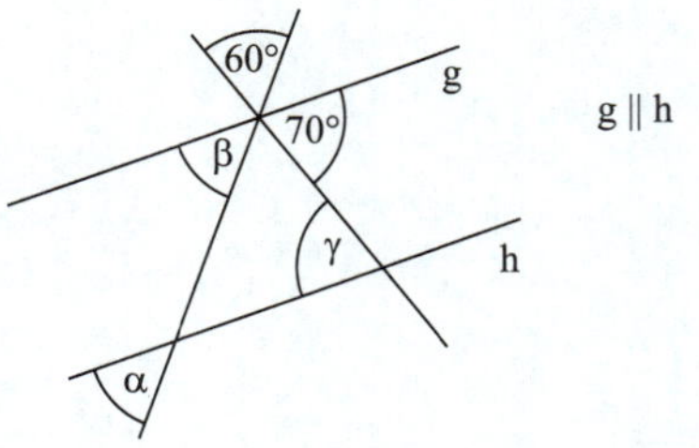

P 9.3 Der Fußbodenbelag für ein Zimmer, das 4,50 m breit und 6,00 m lang ist, kostet 337,50 €. Wie viel kostet der gleiche Belag für ein Zimmer mit 23 m^2 Fläche?

Aufgabe P 10

P 10.1 Im Bild ist der Querschnitt eines Gefäßes gezeichnet.

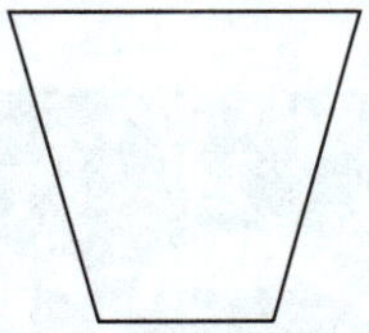

Welcher Füllgraph gehört zu dem Gefäß, wenn dieses mit gleichmäßigem Zufluss gefüllt wird?

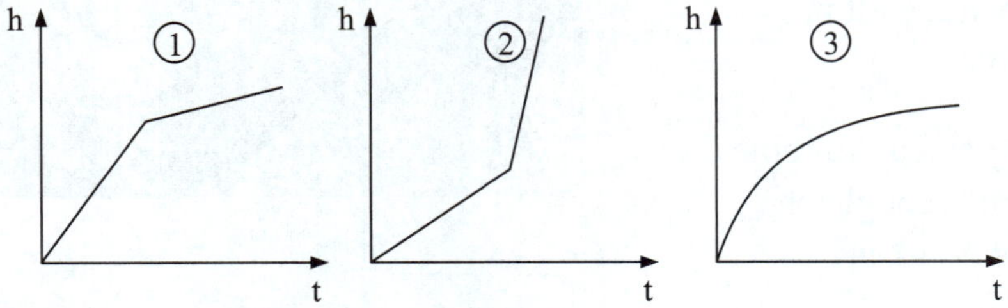

(h: Wasserstandshöhe, t: Einfüllzeit)

P 10.2 5 Dachdecker brauchen für eine Dachfläche 36 Stunden. Wie lange brauchen 3 Dachdecker für die gleiche Fläche?

P 10.3 Zeichne die Funktionen

$f(x) = y = 2x - 2{,}5$ und $g(x) = y = (x+3)^2 - 1$

in ein Koordinatensystem!

Aufgabe P 11

P 11.1 Von einer Kugel wird der Radius verdoppelt. Wie ändert sich das Volumen?

P 11.2 Eine Blumenvase hat die Form einer Kugel. Zeichne den Graphen der Funktion der Füllhöhe in Abhängigkeit von der Zeit für den Fall, dass die Kugel gleichmäßig mit Wasser gefüllt wird.

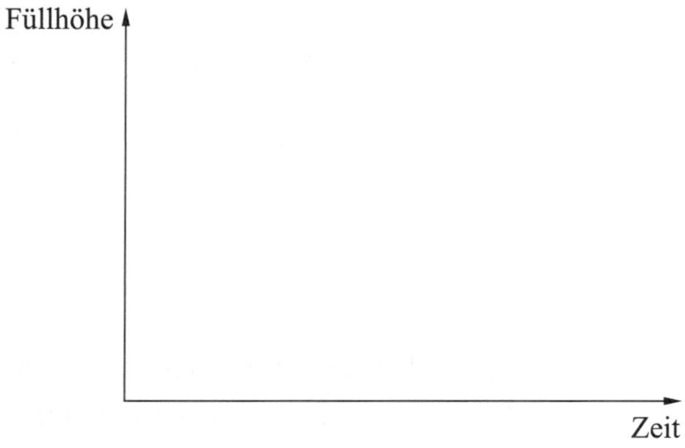

P 11.3 Stelle die Formel

$$V = \frac{1}{6}\pi \cdot d^3$$

nach d um!

Aufgabe P 12

P 12.1 Ein Zug legt eine 391 km lange Strecke in 3 Stunden 24 Minuten zurück. Wie hoch ist die Durchschnittsgeschwindigkeit des Zuges?

P 12.2 Wie weit wäre der Zug bei gleich bleibender Geschwindigkeit in 5 Stunden gefahren?

P 12.3 Wie lange braucht der Zug für eine Strecke von 184 km? (bei gleich bleibender Geschwindigkeit)

Aufgabe P 13

P 13.1 Die Entfernung zweier Städte ist auf einer Landkarte (Maßstab 1 : 300 000) 24 cm. Wie lang ist die Strecke in Wirklichkeit?

P 13.2 Wie groß ist die Wahrscheinlichkeit mit einem normalen Spielwürfel eine gerade Augenzahl zu würfeln?

P 13.3 Ein Rechteck hat einen Umfang von 66 cm. Die Seite a ist doppelt so lang wie die Seite b. Berechne die Längen der Rechteckseiten!

Aufgabe P 14

P 14.1 Berechne den Flächeninhalt des abgebildeten Kreisrings!

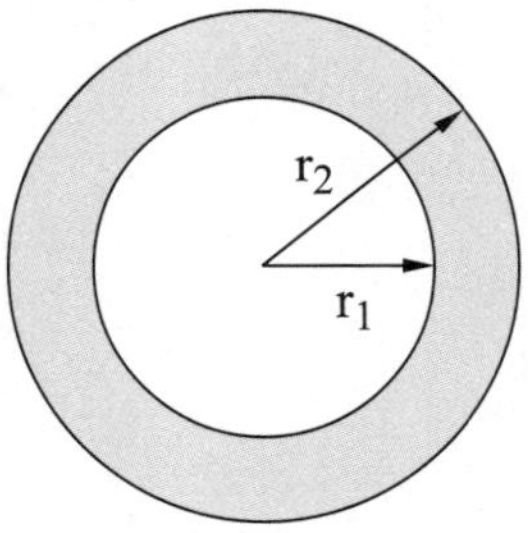

$r_1 = 5$ cm

$r_2 = 9$ cm

P 14.2 Von einer quadratischen Pyramide sind die Diagonale der Grundfläche ($e = 8{,}5$ cm) und das Volumen ($V = 84\ cm^3$) gegeben. Wie hoch ist die Pyramide? (Runde sinnvoll!)

P 14.3 Löse die folgende quadratische Gleichung rechnerisch und zeichnerisch!
$0 = (x-3)^2 - 1$

Aufgabe P 15

P 15.1 Bestimme die Funktionsgleichungen der abgebildeten linearen Funktionen!

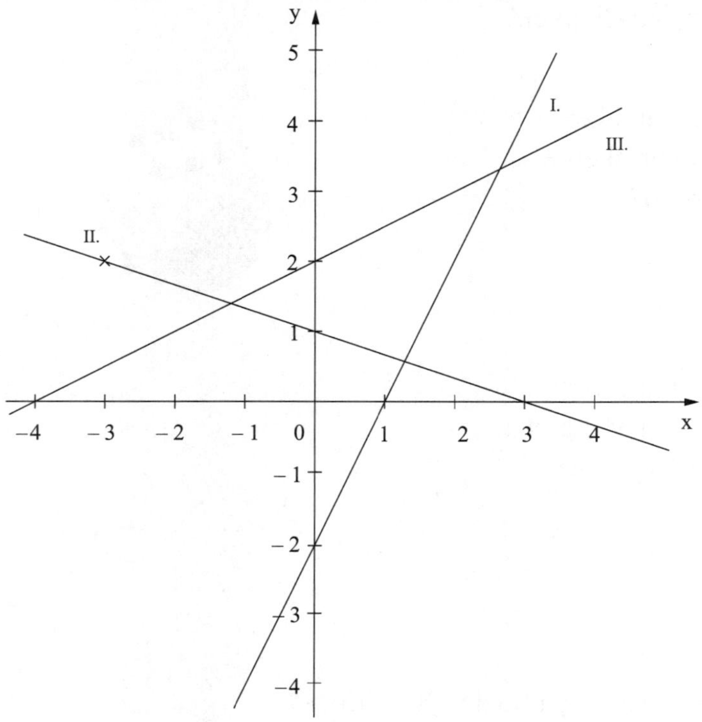

P 15.2 Berechne die Nullstelle der Funktion $y = -\frac{1}{2}x + 5$.

P 15.3 Bestimme den Schnittpunkt der beiden Funktionen

$y = f(x) = -\frac{1}{2}x + 2$

$y = g(x) = x - 1$

rechnerisch oder zeichnerisch.

Aufgabe P 16

P 16.1 Konstruiere das Dreieck ABC mit $\overline{BC} = a = 5{,}6$ cm; $h_a = 3{,}5$ cm; $\gamma = 46°$.

P 16.2 Konstruiere ein Viereck mit den angegebenen Maßen:

$\overline{AD} \parallel \overline{BC}$; $b = 6{,}0$ cm; $h = 4{,}5$ cm; $\beta = 110°$; $\gamma = 105°$

P 16.3 Konstruiere ein allgemeines Viereck mit den folgenden Maßen:

$a = 5{,}5$ cm; $d = 4{,}0$ cm; $c = 3{,}5$ cm; $\alpha = 83°$; $\delta = 107°$

Aufgabe P 17

P 17 Eine Lostrommel enthält 10 Kugeln, von denen jeweils eine eine der Ziffern von 0 bis 9 trägt.

P 17.1 Mit welcher Wahrscheinlichkeit wird bei einmaligem Ziehen die Ziffer 6 gezogen?

P 17.2 Mit welcher Wahrscheinlichkeit wird bei einmaligem Ziehen die Ziffer 6 **oder** die Ziffer 1 gezogen?

P 17.3 Mit welcher Wahrscheinlichkeit wird bei zweimaligem Ziehen zuerst die Ziffer 6 gezogen, die Kugel wird wieder zurückgelegt **und** danach die Ziffer 1 gezogen?

P 17.4 Mit welcher Wahrscheinlichkeit wird bei zweimaligem Ziehen zuerst die Ziffer 1 gezogen, die Kugel wird wieder zurückgelegt **und** danach die Ziffer 6 gezogen?

P 17.5 Mit welcher Wahrscheinlichkeit wird bei zweimaligem Ziehen zuerst die Ziffer 6 gezogen, die Kugel wird **nicht** wieder zurückgelegt und **danach** die Ziffer 1 gezogen?

P 17.6 Mit welcher Wahrscheinlichkeit wird bei zweimaligem Ziehen die Ziffer 1 gezogen, die Kugel wird **nicht** wieder zurückgelegt und **danach** die Ziffer 6 gezogen?

P 17.7 Mit welcher Wahrscheinlichkeit wird bei zweimaligem Ziehen die Ziffer 6 **oder** die Ziffer 1 gezogen, die Kugel wird **nicht** wieder zurückgelegt und **danach** die jeweils andere Ziffer 1 oder 6 gezogen, um daraus die Zahl 61 oder 16 legen zu können?

Aufgabe P 18

P 18 Frau Walter möchte den Hauseingang mit Kletterrosen verschönern. Daher soll als Stütze für die Rosen ein parabelförmiges Gerüst aus stabilen Draht errichtet werden, das am Boden 2,2 m breit und in der Mitte 2,5 m hoch ist. Lege den Nullpunkt eines Koordinatensystems in den linken Punkt, an dem das Gerüst in den Boden übergeht.

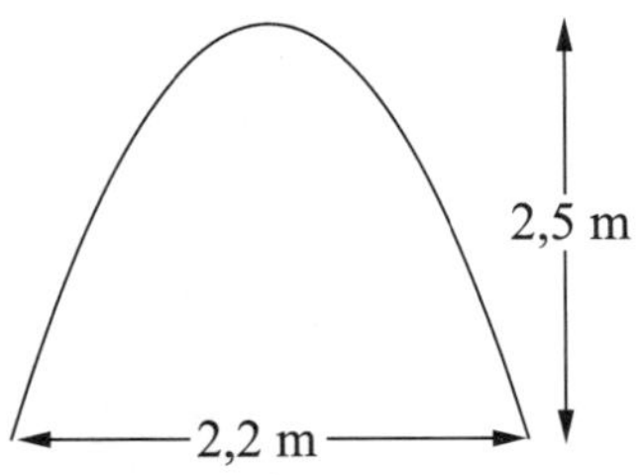

P 18.1 Eine Parabel kann in der Form

$$y = a(x-b)^2 + c$$

gegeben werden.
Was bedeuten a, b und c?

P 18.2 Gib nun die Gleichung der Parabel an, die die Form des Drahtgerüsts beschreibt! Runde dabei den Parameter a auf 2 Stellen nach dem Komma.

P 18.3 Begründe, warum $a = 2{,}07$ kein möglicher Wert für a ist!

P 18.4 Bestätige, dass

$$y = -2{,}07x^2 + 4{,}55x$$

ebenfalls die Form des Drahtgerüsts beschreibt!

Aufgabe W 1

Familie Spar möchte sich ein neues Auto für 21 900 € kaufen. Nach drei Jahren soll das Auto wieder verkauft bzw. beim Leasing abgegeben werden. Der Händler bietet der Familie drei Möglichkeiten der Finanzierung an:

W 1.1 Das Auto wird auf Kredit gekauft.
- Familie Spar zahlt 40 % des Neupreises an und danach drei Jahre monatlich 405 €.
- Nach drei Jahren soll das Auto für 9 500 € wieder verkauft werden.

W 1.2 Das Auto wird bar bezahlt.
- Familie Spar bekommt 5 % Skonto (Rabatt) vom Neupreis.
- Wiederverkauf ist ebenfalls nach drei Jahren zum gleichen Preis wie bei Teilaufgabe 1.1.

W 1.3 Das Auto wird geleast.
- Familie Spar bezahlt 30 % des Neupreises und danach drei Jahre monatlich 220 €.
- Beim Leasing gibt es keinen Wiederverkauf. Das Auto wird wieder an die Firma zurückgegeben.

Stelle durch Berechnung der drei Möglichkeiten fest, welches die günstigste Variante ist!

Aufgabe W 2

Ein Sandhaufen hat die Form eines Kreiskegels mit einem Umfang von 25 m und einer Höhe von 2,5 m.

W 2.1 Welche Grundfläche nimmt der Sandhaufen ein?

W 2.2 Wie viele Tonnen Sand befinden sich auf der Baustelle, wenn 1 m^3 Sand 1,7 t wiegt?

W 2.3 Welcher Betrag ist für den Sand zu bezahlen, wenn 1 t mit Anfahrt 11,75 € kostet?

W 2.4 Welcher Winkel wird zwischen der Grundfläche und der Neigung des Sandhaufens aufgespannt?

W 2.5 Wie ändert sich das Volumen des Sandhaufens, wenn die Höhe und der Radius verdoppelt werden? (Neigungswinkel bleibt gleich)

Aufgabe W 3

Eine lineare Funktion ist durch den Punkt P(–4 | 4) und die Steigung $m = -\frac{1}{2}$ gegeben.

W 3.1 Zeichne die Funktion und gib die Funktionsgleichung f(x) an!

W 3.2 Eine zweite Funktion ist durch die Funktionsgleichung $g(x) = y = 1{,}5x - 2$ gegeben. Zeichne die Funktion in dasselbe Koordinatensystem!

W 3.3 Ermittle rechnerisch den Schnittpunkt der beiden Funktionen!

W 3.4 Zeichne in das Koordinatensystem das Dreieck PQR ein, mit P(–4 | 4), Q(0 | –4) und R(4 | 0).
Berechne die Länge $\overline{RP}$ im Dreieck!

W 3.5 Welchen Flächeninhalt hat das Dreieck PQR?

Aufgabe W 4

Gegeben ist das Dreieck PQR. (siehe Skizze)

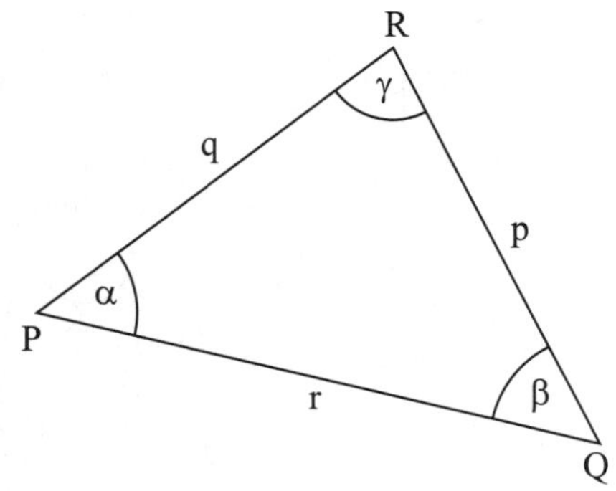

W 4.1 Die Winkel α und β und die Seite r sind gegeben. Stelle eine Formel zur Berechnung der Seite p auf!

W 4.2 Stelle eine geeignete Formel zur Berechnung von Winkel β auf, wenn die Seiten p, q und r bekannt sind!

W 4.3 Die Parkanlage (ΔABC) soll um die Fläche ACD erweitert werden. Berechne den Flächeninhalt der Gesamtfläche ABCD.

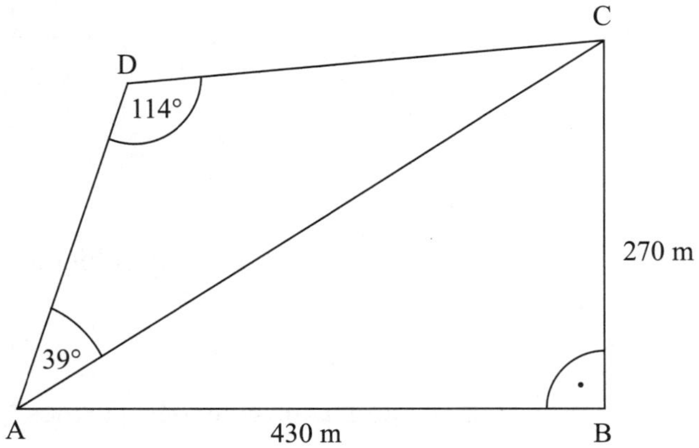

W 4.4 Um wie viel Prozent wurde die Parkanlage vergrößert?

W 4.5 Zeichne das Viereck in einem geeigneten Maßstab!

Aufgabe W 5

W 5.1 Der Umfang eines Dreiecks beträgt 64 cm. Die Seite a ist 10 cm kürzer als die Seite b, die Seite c ist 3 cm länger als die Seite a. Berechne die Seitenlängen a, b und c des Dreiecks!
Stelle zunächst die Gleichung auf und löse diese!

W 5.2 Zeichne die beiden Funktionen $f_1(x)$ und $f_2(x)$ in ein Koordinatensystem (eine Einheit entspricht 1 cm).
$y = f_1(x) = -3x - 1$
$y = f_2(x) = x + 3$

W 5.3 Ermittle aus der Zeichnung aus W 5.2 die Koordinaten des Schnittpunktes S der beiden Funktionen!

Aufgabe W 6

W 6.1 Welche der abgebildeten Netze gehören zu einem Prisma?

(1)
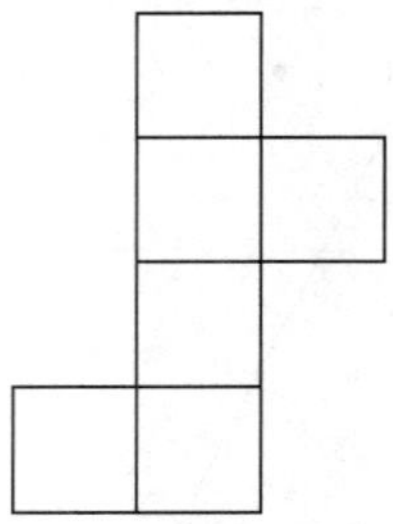

(2)
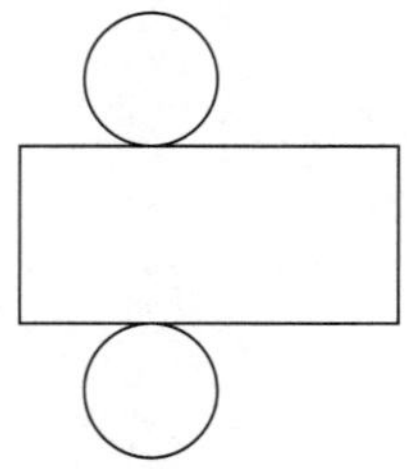

(3)
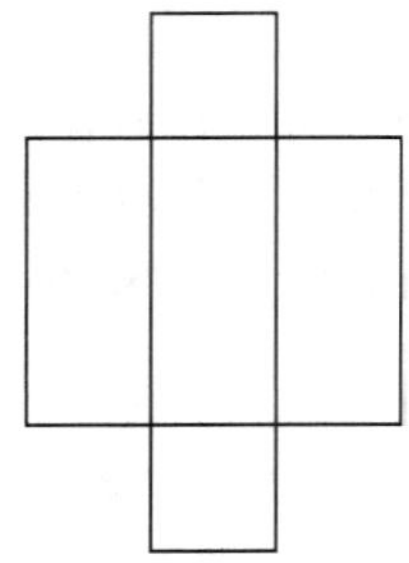

(4)
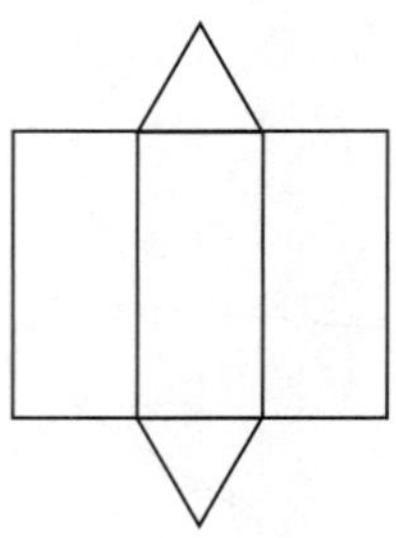

(5)
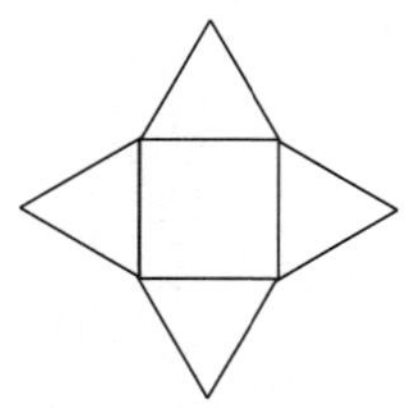

(6)
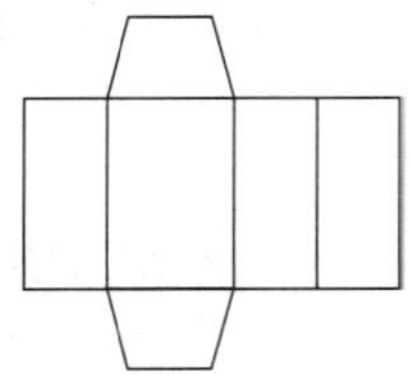

W 6.2 Berechne das Volumen des abgebildeten Turmes!

W 6.3 Wie groß ist die Dachfläche des Turmes?

W 6.4 Wie groß ist der Neigungswinkel α der Dachfläche?

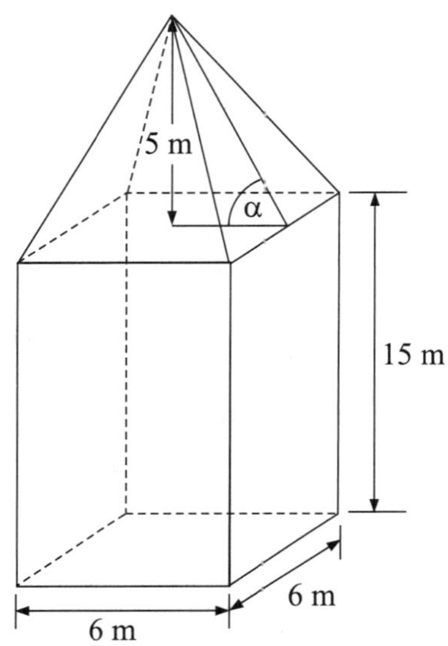

Aufgabe W 7

W 7.1 Vereinfache folgenden Term.

$$\frac{(x^2 - y^2)^{-2}}{(x+y)^{-2}}$$

W 7.2 Für die Funktion $y = f(x) = x^{-3}$ ist eine Wertetabelle gegeben.

x	−2,5	−2			0	$\frac{1}{4}$			3
y			−1	−8			1	0,296	

Vervollständige diese!

W 7.3 Zeichne die beiden Funktionen in ein Koordinatensystem.

$y = f(x) = x^3 \quad (-2 \le x \le 2)$
$y = g(x) = x^{-1} \quad (-4 \le x \le 4)$
Wähle beim Aufstellen der Wertetabelle jeweils eine Schrittweite von 0,5.

W 7.4 Ermittle aus der Zeichnung, welche Punkte die beiden Funktionen gemeinsam haben!

Aufgabe W 8

W 8.1 In der Abbildung ist ein beliebiges Dreieck dargestellt:
Welche der Gleichungen ist richtig?

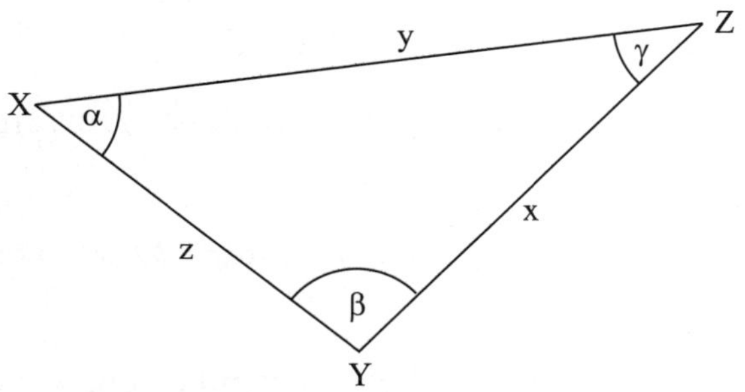

(I) $z = \dfrac{x \cdot \sin\gamma}{\sin\beta}$

(II) $\cos\beta = \dfrac{x^2 + z^2 - y^2}{2xz}$

(III) $\tan\alpha = \dfrac{x}{z}$

W 8.2 Gegeben ist ein Fünfeck MNOPQ mit den folgenden Maßen:

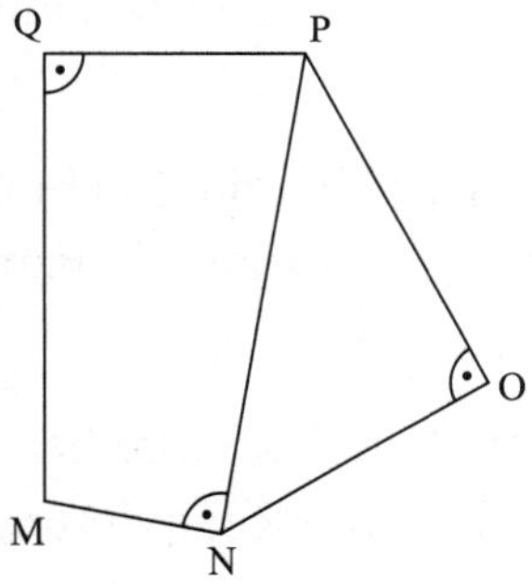

$\overline{NO} = 10{,}9$ cm $\quad \sphericalangle NPO = 39°$
$\overline{MN} = 6{,}4$ cm $\quad \sphericalangle NMQ = 100°$

Berechne die Länge $\overline{PQ}$!

W 8.3 Von einem beliebigen Dreieck sind die Seite a = 13 cm, die Seite c = 17 cm und der Winkel $\beta = 60°$ gegeben.
Berechne die Seite b und die Winkel α und γ!
(Fertige zuerst eine Skizze an!)

Aufgabe W 9

Familie Schreiber möchte in ihrem Haus umfangreiche Renovierungsarbeiten durchführen lassen. Dabei wird folgendes Angebot gemacht:

	Preis pro m^2 (ohne Mehrwertsteuer)	Fläche
Fliesen verlegen	63,00 €	45 m^2
Decke mit Holz verkleiden	57,00 €	78 m^2
Malerarbeiten	45,00 €	270 m^2

Alle Preise schließen die Materialkosten mit ein.

W 9.1 Wie hoch ist der Gesamtbetrag der Renovierung ohne Mehrwertsteuer?

W 9.2 Wie hoch sind die Gesamtkosten, wenn noch 19 % Mehrwertsteuer zum Rechnungsbetrag dazu kommen?

W 9.3 Berechne, wie viel die einzelnen Posten inklusive der Mehrwertsteuer kosten und stelle diese Anteile an der Gesamtrechnung im Kreisdiagramm dar!

W 9.4 Wenn Familie Schreiber die Rechnung innerhalb von 7 Tagen bezahlt, erhält sie 2 % Skonto. Wie viel Euro kann die Familie dadurch sparen?

W 9.5 Vor 8 Jahren hat Familie Schreiber 17 000 € mit einem Zinssatz von 4,25 % angelegt. Reicht das Geld für die Renovierungsarbeiten?

Aufgabe W 10

W 10.1 Stelle in Zehnerpotenzschreibweise dar!

a) 149 600 000 (Entfernung der Erde von der Sonne in km)

b) 0,000 000 000 000 000 000 160 217 7
(Elementarladung eines Elektrons in C)

W 10.2 Vereinfache!

a) $\dfrac{(4a^2b)^{-3}}{(ab^2c)^{-2}}$

b) $\sqrt{x^2 + 10x + 25}$

c) $\dfrac{15x^{2n-1}}{7x^{-2}} : \dfrac{21x^{-4n-2}}{35x^{2-n}}$

W 10.3 Stelle die Gleichungen auf und löse!
Ein Kegelclub (39 Mitglieder) bestellt in einem Hotel 17 Zimmer. Es gibt 2- und 3-Bettzimmer. Wie viele Zimmer jeder Art müssen bestellt werden?

Aufgabe W 11

W 11.1 Ein Glücksrad besteht aus 18 gleich großen Sektoren. 5 Sektoren sind rot (roter Sektor = Gewinn). Wie groß ist die Wahrscheinlichkeit, einen Gewinn zu erhalten?

W 11.2 Wie groß ist die Wahrscheinlichkeit, mit 2 Würfeln

a) die Augensumme 2

b) die Augensumme 7

zu würfeln?

W 11.3 Aus einer Urne mit drei weißen und zwei schwarzen Kugeln werden zwei Kugeln ohne Zurücklegen gezogen.

a) Wie groß ist die Wahrscheinlichkeit, dass beide Kugeln weiß sind?

b) Wie groß ist die Wahrscheinlichkeit, dass beide Kugeln verschiedenfarbig sind?

Aufgabe W 12

W 12.1 Eine Bakterienkultur hat zu Beginn eines Experiments eine Fläche von 1 mm^2. In einer Stunde verdoppelt sich jeweils die Fläche.

a) Wie groß ist die Fläche nach 2 h, 3 h, 4 h und 10 h?

b) Wie groß war die Fläche vor 1 h, 2 h, 3 h und 5 h?
(Berechne die Werte in einer Wertetabelle!)

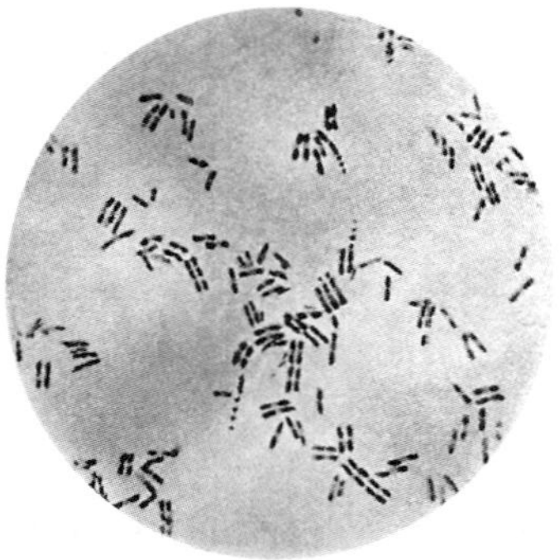

W 12.2 Zeichne die Funktion im Intervall $-3\ h \leq x \leq 4\ h$ und gib die dazugehörige Funktionsgleichung an.

W 12.3 Ein Sparguthaben von 4 500 € wird mit 2,25 % verzinst.
Berechne das Guthaben nach 3 und nach 9 Jahren!

Aufgabe W 13

W 13.1 Das Ergebnis einer Mathematikarbeit ist in der Tabelle zusammengestellt.
Berechne den Durchschnittswert (arithmetisches Mittel)!

Note	1	2	3	4	5	6
Anzahl der Schüler	2	3	8	5	3	2

W 13.2 Beim 300-maligen Würfeln mit einem Würfel wurden folgende Augenzahlen erreicht:

Augenzahl	1	2	3	4	5	6
Anzahl	87	33	57	33	63	27

Berechne in einer Tabelle die absolute und die relative Häufigkeit (dezimal und prozentual)!

W 13.3 Zeichne zu dem Sachverhalt ein Säulendiagramm und ein Kreisdiagramm!

Aufgabe W 14

W 14 Ein Prisma hat als Seitenfläche ein rechtwinkliges Dreieck mit $\gamma=90°$, $\beta=56°$ und der Grundseite $c=8$ cm. Die Tiefe des Prismas beträgt $t=3$ cm. Um welchen Prozentsatz ist die gesamte Oberfläche des Prismas größer als die Ausgangsfläche mit den Seiten c und t?

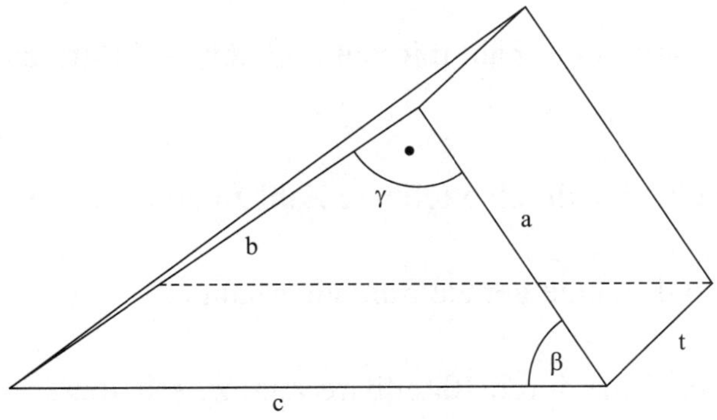

Aufgabe W 15

W 15 Eine Lostrommel enthält 10 Kugeln, die mit den Ziffern von 0 bis 9 beschriftet sind. Dabei kommt jede Ziffer genau einmal vor.
Berechne die Wahrscheinlichkeiten, die Zahl 12 entstehen zu lassen.

W 15.1 Mit welcher Wahrscheinlichkeit wird die Ziffer 1 gezogen und **danach** die Ziffer 2, wenn die zuerst gezogene Kugel wieder in die Lostrommel zurückgelegt wird?

W 15.2 Mit welcher Wahrscheinlichkeit werden bei zweimaligem Ziehen die Ziffern 1 oder 2 **in beliebiger Reihenfolge** gezogen, wenn die zuerst gezogene Kugel wieder in die Lostrommel zurückgelegt wird?

W 15.3 Mit welcher Wahrscheinlichkeit wird die Ziffer 1 gezogen und **danach** die Ziffer 2, wenn die zuerst gezogene Kugel nicht in die Lostrommel zurückgelegt wird?

W 15.4 Mit welcher Wahrscheinlichkeit werden bei zweimaligem Ziehen die Ziffern 1 oder 2 **in beliebiger Reihenfolge** gezogen, wenn die zuerst gezogene Kugel nicht in die Lostrommel zurückgelegt wird?

Aufgabe W 16

W 16 Eine Lostrommel enthält 9 Kugeln, die mit den Ziffern von 1 bis 9 beschriftet sind. Dabei kommt jede Ziffer genau einmal vor. Es wird dreimal nacheinander mit Zurücklegen gezogen. Die erste gezogene Ziffer ist die Hunderterziffer, die zweite die Zehnerziffer, die dritte die Einerziffer einer dreistelligen Zahl.

W 16.1 Berechne die Wahrscheinlichkeit dafür, eine Zahl mit lauter gleichen Ziffern zu erhalten.

W 16.2 Wie groß ist die Wahrscheinlichkeit, eine durch 5 teilbare Zahl zu erhalten?

W 16.3 Berechne die Wahrscheinlichkeit dafür, eine gerade Zahl zu erhalten.

W 16.4 Wie groß ist die Wahrscheinlichkeit, eine durch 10 teilbare Zahl zu erhalten?

Nun wird zweimal nacheinander, aber ohne Zurücklegen, gezogen und aus dem Ergebnis eine zweistellige Zahl gebildet. Das Ergebnis der ersten Ziehung ist die Zehner-, das Ergebnis der zweiten Ziehung die Einerziffer.

W 16.5 Wie groß ist die Wahrscheinlichkeit, eine durch 5 teilbare Zahl zu erhalten?

W 16.6 Wie groß ist die Wahrscheinlichkeit, eine gerade Zahl zu erhalten?

Schriftliche Abschlussprüfungsaufgaben

Bildnachweis
Deckblatt: Wolfgang Neutsch, Jessen

Punkte

Aufgabe P 1

a Ein Teil der gesamten Strecke ist markiert. Gib den dazugehörigen Bruch an. 1 Pkt.

$\frac{7}{12}$

b Welcher Prozentangabe entspricht $\frac{3}{200}$? 1 Pkt.

Schreibe den Buchstaben deiner Antwort auf dein Reinschriftpapier.

A 0,015 % **C** 1,5 %

B 0,15 % **D** 15 %

c Wandle die Größen in die gesuchte Einheit um.

1 0,02 kg in Gramm 20g 1 Pkt.

2 125 *mℓ* in Liter 0,125 l 1 Pkt.

Aufgabe P 2

Bei einem 800-m-Lauf können die Mädchen der 10. Klassen ein Abzeichen in Gold, Silber oder Bronze erhalten. Die folgende Tabelle gibt an, mit welchen Laufzeiten man ein solches Abzeichen erhält.

Abzeichen	Gold	Silber	Bronze
Laufzeit bis einschließlich …	3:35 min	4:20 min	4:55 min

Anna, Lisa und Tabea laufen diese Strecke. Anna benötigt dafür 4 min 3 s und erreicht das Abzeichen in Silber.

a Um wie viele Sekunden hat Anna das Abzeichen in Gold verpasst? 28 1 Pkt.

b Lisa war 38 s langsamer als Anna. Berechne Lisas Laufzeit. 4,41 min 1 Pkt.

c Tabea läuft die 800 m lange Strecke mit durchschnittlich 3,8 m in der Sekunde. Reicht es für Gold? Begründe deine Entscheidung durch eine Rechnung. 3 Pkte.

Aufgabe P 3

Das abgebildete Glücksrad besitzt gleich große Felder, die mit den Ziffern 1, 2, 3 oder 4 beschriftet sind.

a Gib die Wahrscheinlichkeit dafür an, dass beim einmaligen Drehen der Pfeil auf ein Feld mit der Ziffer 2 zeigt. $\frac{2}{10}$ — 1 Pkt.

b Das Glücksrad wird zweimal gedreht und aus den beiden Ziffern wird eine zweistellige Zahl gebildet. Das erste Drehen ergibt dabei den Zehner, das zweite Drehen den Einer.

1 Berechne die Wahrscheinlichkeit dafür, dass sich so die Zahl 14 ergibt. $\frac{1}{10} \cdot \frac{3}{10}$ — 2 Pkte.

2 Gib die Zahl an, die dabei mit der größten Wahrscheinlichkeit gebildet wird. 33 — 2 Pkte.

c Sina hat bereits neunmal das Glücksrad gedreht. Bisher ist die Ziffer 1 nicht erschienen. — 2 Pkte.
Sie behauptet: „Beim nächsten Drehen kommt auf jeden Fall die 1!"
Hat Sina recht? Begründe deine Antwort. Ja weil die wahrscheinlichkeit $\frac{1}{10}$ ist

Aufgabe P 4

Die Fußball-Weltmeisterschaft in Brasilien im Jahr 2014 war ein sportliches Großereignis.
Auch in Deutschland gab es viele Menschen, die mit Begeisterung die Spiele verfolgten.

a In einer Umfrage vor der Weltmeisterschaft wurden 8 800 Personen befragt, wer Weltmeister wird. Nur 990 der befragten Personen erwarteten, dass Deutschland Weltmeister wird. — 2 Pkte.
Berechne, wie viel Prozent das waren.

b Die 64 Spiele wurden von insgesamt 3 334 520 Zuschauern besucht. — 3 Pkte.
87,5 % der Zuschauer hatten ihre Eintrittskarten gekauft.
Die restlichen Eintrittskarten wurden verschenkt.
Berechne die Anzahl der verschenkten Eintrittskarten.

c Im Vorverkauf für das Spiel „USA gegen Deutschland" erhielten 3 428 deutsche Fans eine Eintrittskarte. Das entsprach 8 % der Plätze im Stadion. — 2 Pkte.
Berechne die Anzahl aller Plätze im Stadion.

Aufgabe P 5

a Handwerker achten bei der Planung einer Treppe darauf, dass die Schrittmaßregel erfüllt ist.
Diese besagt, dass die Größen für die Höhe h und die Tiefe t für jede Stufe die folgende Gleichung erfüllen sollen:

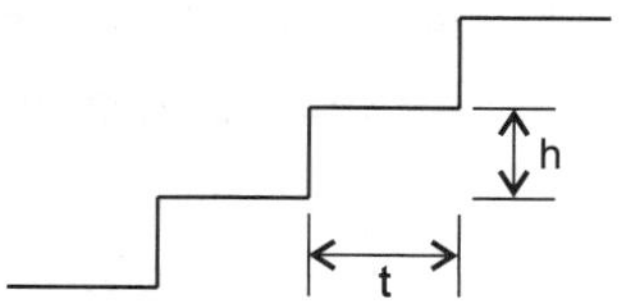

Zeichnung nicht maßgetreu

$2 \cdot h + t = 63$ (cm)

Dabei werden h und t in cm angegeben.

1 Das Haus von Frau Meier hat eine alte Treppe. Die Treppenstufen sind 14 cm hoch und 21 cm tief. Überprüfe, ob die Schrittmaßregel erfüllt ist.
Schreibe einen Antwortsatz. 2 Pkte.

2 Frau Meier möchte eine neue Treppe haben. Die Treppe muss insgesamt einen Höhenunterschied von 2,72 m überwinden. Der Handwerker schlägt 16 Treppenstufen vor.
Berechne die Tiefe t einer Treppenstufe, sodass die Schrittmaßregel erfüllt ist. 4 Pkte.

b Löse das Gleichungssystem.
Notiere deine Lösungsschritte. 4 Pkte.

$$\left| \begin{array}{l} x + 2y = 1 \\ 3x + 4y = 5 \end{array} \right|$$

Aufgabe P 6

Die Abbildung zeigt ein Trapez mit einem weißen Rechteck.

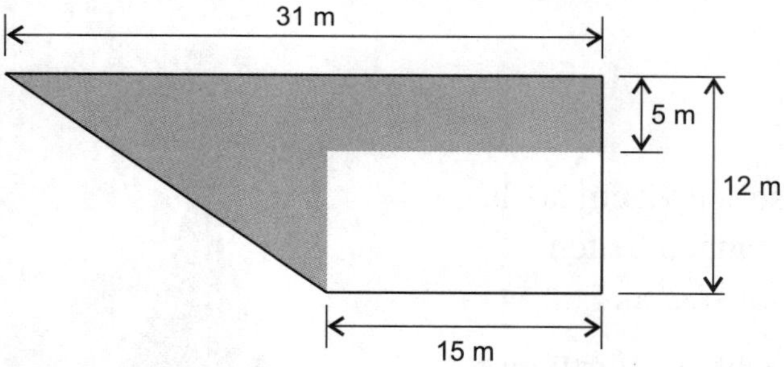

Zeichnung nicht maßgetreu

a Berechne den Flächeninhalt der grauen Fläche. 4 Pkte.

b Berechne den Umfang des Trapezes. 4 Pkte.

Aufgabe P 7

a Die Geraden g und h sind parallel zueinander. [3 Pkte.]
Bestimme, ohne zu messen, die Größen der Winkel α, β und γ.

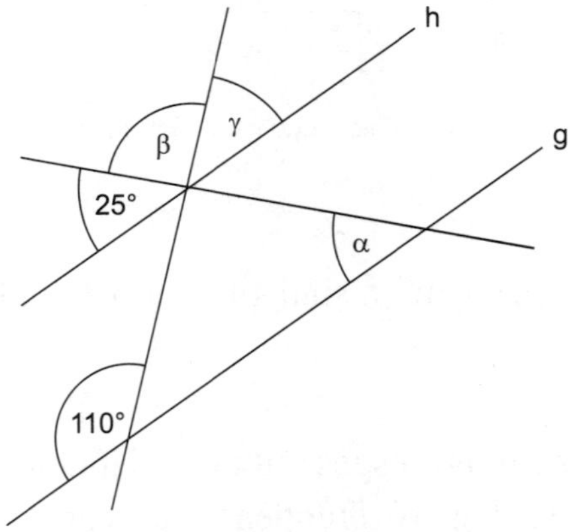

Zeichnung nicht maßgetreu

b Konstruiere ein Dreieck ABC mit den Maßen $b = 4{,}5$ cm, $c = 6$ cm und $\alpha = 110°$. [3 Pkte.]
Beschrifte die Eckpunkte.

c Tim zeichnet ein Dreieck und misst danach die Seiten seines Dreiecks. [2 Pkte.]
Er notiert folgende Seitenlängen: $a = 6{,}5$ cm, $b = 3$ cm und $c = 10$ cm.
Mia sagt ihm, dass die notierten Seitenlängen nicht stimmen können.
Erkläre, woran sie das erkannt haben kann.

Aufgabe P 8

[7 Pkte.]

Max möchte Pyramidenkerzen herstellen. Diese sollen 12 cm hoch sein und eine quadratische Grundfläche mit 6 cm langen Seiten besitzen. Der Docht soll 1 cm aus jeder Kerze herausragen.

Max stehen 4 750 g Wachs und 400 cm Kerzendocht zur Verfügung.

1 cm^3 Wachs wiegt 0,95 g.

Berechne, wie viele solcher Kerzen er aus den vorliegenden Materialien höchstens herstellen kann.
Formuliere einen Antwortsatz.

Punkte

Aufgabe W 1

Die Abbildung zeigt einen Fluss, an dessen Ufer eine Straße verläuft.
Es soll eine Seilbahn zur anderen Uferseite gebaut werden.
Dazu wurden Messungen vorgenommen und in die Skizze eingetragen.

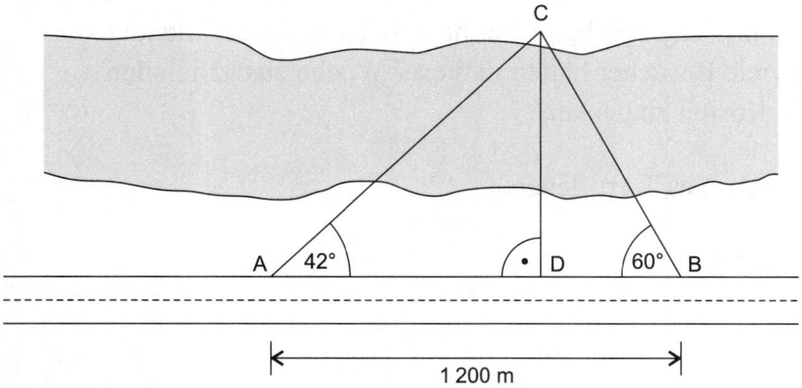

Zeichnung nicht maßgetreu

a Ein Praktikant soll anhand der Skizze eine Zeichnung des Dreiecks ABC im Maßstab 1 : 5 000 anfertigen.

1 Wie lang muss die Strecke $\overline{AB}$ in seiner Zeichnung sein? Gib dein Ergebnis in der Einheit Zentimeter an. — 2 Pkte.

2 Mithilfe seiner Zeichnung bestimmt der Praktikant auch die anderen Entfernungen. Er erhält $\overline{AC} = 1100$ m und $\overline{AD} = 710$ m. Zeige durch eine Rechnung, dass der Praktikant einen Fehler gemacht hat. — 3 Pkte.

b Ursprünglich sollte die Seilbahn entlang der Strecke $\overline{BC}$ gebaut werden. Aus Kostengründen entscheidet man sich, die Seilbahn entlang der Strecke $\overline{CD}$ zu bauen. — 7 Pkte.

Berechne, wie viel Meter Seilbahn dadurch eingespart werden.
Runde auf Meter.

Aufgabe W 2

a In einem Zoo wurden innerhalb einer Woche folgende Besucherzahlen ermittelt:

Tag	Mo	Di	Mi	Do	Fr	Sa	So
Besucherzahl	165	153	194	349	298	412	487

1 Berechne die durchschnittliche tägliche Besucherzahl in dieser Woche. 1 Pkt.

2 Der Zoo muss durchschnittlich pro Tag 300 Besucher haben, damit die anfallenden Kosten gedeckt werden. Wie viele Besucher hätten in dieser Woche zusätzlich den Zoo besuchen müssen, um die Kosten zu decken? 2 Pkte.

b Das Diagramm zeigt den Arbeitstag eines Tierpflegers. 5 Pkte.

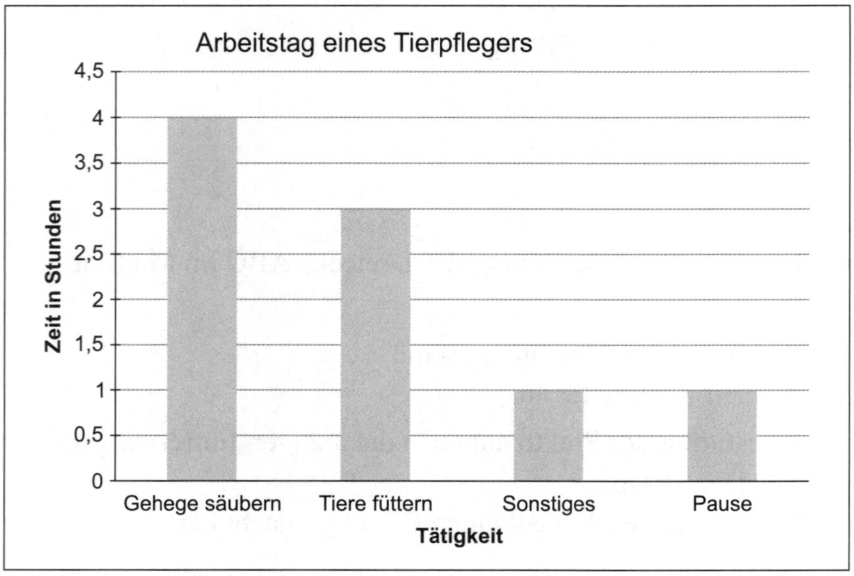

Stelle die Anteile in einem Kreisdiagramm dar. Beschrifte das Kreisdiagramm.

c Ein Auszubildender wiegt die Meerschweinchen und notiert die Messwerte:

Max	Micha	Moritz	Marc	Marlon	Miro
1 250 g	2 080 g	1 190 g	1 340 g	1 310 g	1 170 g

1 Bestimme die Spannweite der Messwerte. 1 Pkt.

2 Bestimme den Zentralwert (Median) der Messwerte. 2 Pkte.

3 Welchen Vorteil hat der Zentralwert bei der Beschreibung des durchschnittlichen Gewichts dieser Meerschweinchen gegenüber dem arithmetischen Mittel? Erkläre. 1 Pkt.

Aufgabe W 3

a Im Koordinatensystem sind die Graphen einer linearen Funktion und einer quadratischen Funktion eingezeichnet.

1 Im Bild schneiden sich die beiden Graphen im Punkt A.
Gib die Koordinaten dieses Schnittpunktes an. 1 Pkt.

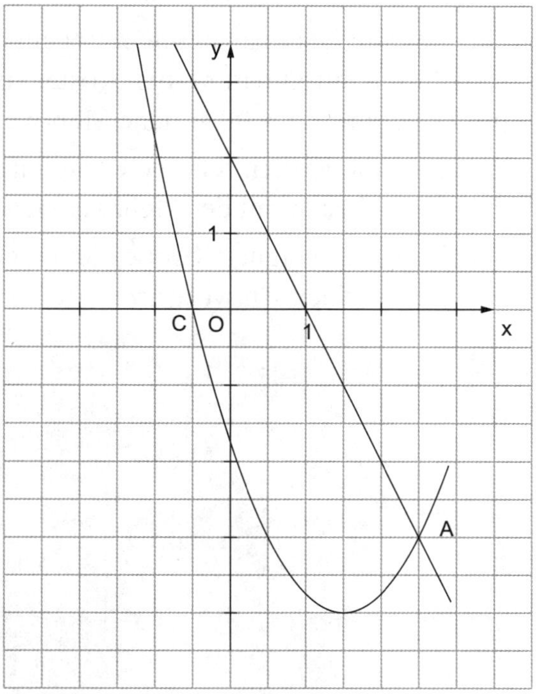

2 Die Graphen können durch folgende Gleichungen beschrieben werden:
Parabel: $y=(x-1{,}5)^2-4$
Gerade: $y=-2x+2$
Zeige mithilfe der Gleichungen rechnerisch, dass der zweite Schnittpunkt $B(-1{,}5\,|\,5)$ ist. 2 Pkte.

3 Die Parabel schneidet die x-Achse in den Punkten $C(-0{,}5\,|\,0)$ und D.
Gib die Koordinaten des Punktes D an. 2 Pkte.

b Eine Parabel hat die Gleichung $y=(x+5)^2+12$.

1 Schreibe die Koordinaten ihres Scheitelpunktes S auf. 1 Pkt.

2 Begründe, warum die zur Parabel zugehörige Funktion keine Nullstellen hat. 2 Pkte.

c Löse die quadratische Gleichung. $2x^2-15x+22=0$ 4 Pkte.

Aufgabe W 4

a Das Bild zeigt die Überdachung eines Lichtschachtes.

1 Skizziere (freihand) das Netz (Abwicklung) dieser Überdachung. 2 Pkte.

2 Die gesamte Überdachung wird regelmäßig von außen gesäubert. 6 Pkte.
Eine Firma fertigt dafür einen Kostenvoranschlag an und berechnet pro Quadratmeter 4,00 € ohne Mehrwertsteuer.

Berechne die Kosten für eine Reinigung.
Gib diese Kosten mit der Mehrwertsteuer (19 %) an.

Schätze dazu geeignete Größen und rechne damit.
Formuliere einen Antwortsatz.

b Das nebenstehende Bild zeigt ein 2,5 m hohes Kunstwerk. Der Umfang der Grundfläche beträgt 3,9 m. 4 Pkte.
Berechne das Volumen des Kunstwerkes.
Runde dein Ergebnis auf Kubikmeter.

Aufgabe W 5

Im Supermarkt werden Schokoladeneier verkauft, die jeweils mit einer kleinen Überraschung gefüllt sind. Als Überraschung kann man einen Gartenzwerg, einen Schmuckstein, ein Puzzle oder einen Bausatz für ein Spielzeugauto erhalten.

Unter den 96 Schokoladeneiern einer Palette enthalten 12 einen Schmuckstein, 16 einen Gartenzwerg, 20 ein Puzzle und 48 einen Bausatz.
Die Verteilung gilt für jede Palette.

a Besonders begehrt sind die Schokoladeneier mit einem Schmuckstein.

1 Gib die Wahrscheinlichkeit dafür an, aus einer vollen Palette ein Schokoladenei **ohne** Schmuckstein auszuwählen. 1 Pkt.

2 Aus einer vollen Palette werden zwei Schokoladeneier genommen. 2 Pkte.
Berechne, mit welcher Wahrscheinlichkeit beide Schokoladeneier je einen Schmuckstein enthalten.

3 Wie viele Schokoladeneier einer Palette muss man mindestens kaufen, damit man mit Sicherheit einen Schmuckstein bekommt? 2 Pkte.

4 Die Werbung verspricht, dass sich in jedem 6. Schokoladenei ein Schmuckstein befindet. 2 Pkte.
Stimmt das? Begründe deine Entscheidung.

b Aus einer vollen Palette werden zwei Schokoladeneier genommen. 3 Pkte.
Berechne die Wahrscheinlichkeit dafür, dass man ein Puzzle und einen Bausatz erhält.

c Es werden auch Paletten mit 42 Schokoladeneiern angeboten. 2 Pkte.
Gib an, wie viele dieser Schokoladeneier mit einem Gartenzwerg gefüllt sein müssen, wenn die gleiche Häufigkeitsverteilung vorliegt wie bei den Schokoladeneiern der großen Palette.

Abschlussprüfung Mathematik Realschulen Hessen
Haupttermin 2016 – Pflichtaufgaben

Punkte

Aufgabe P 1

a Wie viel sind 30 % von 250 €? 1 Pkt.

b Wie viele der Kästchen muss man färben, damit 25 % des Rechtecks gefärbt sind? 1 Pkt.

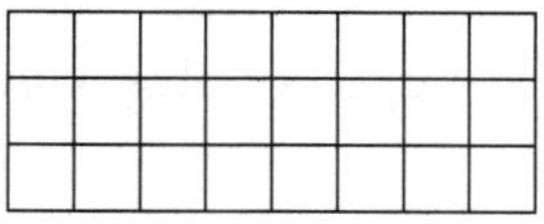

c Wandle die Größen in die gesuchte Einheit um.

1 43 g in Kilogramm 1 Pkt.

2 $5\frac{1}{4}$ h in Minuten 1 Pkt.

Aufgabe P 2

Die Tankanzeige eines Autos zeigt das Volumen des Kraftstoffes durch Balken an. Bei einem vollen Tank leuchten alle neun Balken (siehe Abbildung 1).

Abb. 1

a Wie viele Balken leuchten, wenn der Tank nur noch zu $\frac{2}{3}$ mit Kraftstoff gefüllt ist? 1 Pkt.

b Nach dem Volltanken fährt das Auto eine Strecke von 400 km.
Dabei wurden $\frac{5}{9}$ des Kraftstoffes verbraucht (siehe Abbildung 2).
Der Bordcomputer zeigt für diese Strecke einen durchschnittlichen Verbrauch von 7,5 Liter je 100 km an.

Abb. 2

1 Berechne, wie viele Liter Kraftstoff für die Strecke verbraucht wurden. 2 Pkte.

2 Berechne, für wie viele Kilometer der restliche Kraftstoff noch reicht, wenn sich der durchschnittliche Verbrauch nicht ändert. 2 Pkte.

Aufgabe P 3

In Darmstadt sind derzeit 4 473 Hunde angemeldet. Für 4 336 von ihnen muss Hundesteuer gezahlt werden. Für die restlichen angemeldeten Hunde (z. B. Blindenhunde) muss keine Hundesteuer gezahlt werden.
Für Kampfhunde muss eine erhöhte Hundesteuer gezahlt werden. Das betrifft 12,5 % der Hunde, für die Hundesteuer gezahlt werden muss.
Im Jahr 2015 stiegen die Einnahmen aus der Hundesteuer gegenüber dem Vorjahr um 31 % auf 406 100 €.

a Für wie viele der angemeldeten Hunde muss keine Hundesteuer gezahlt werden? 1 Pkt.

b Berechne, für wie viel Prozent der angemeldeten Hunde Hundesteuer gezahlt werden muss. Runde auf ganze Prozent. 2 Pkte.

c Berechne die Anzahl der Kampfhunde. 2 Pkte.

d Berechne die Einnahmen der Stadt Darmstadt aus der Hundesteuer für das Jahr 2014. 3 Pkte.

Aufgabe P 4

In der Abbildung siehst du alle Karten eines Kartenspiels. Zu den sogenannten Farben Karo, Herz, Pik und Kreuz gibt es die Karten 7, 8, 9, 10, B (Bube), D (Dame), K (König) und A (Ass).

Die Karten werden vor jedem Ziehen gut gemischt und verdeckt auf den Tisch abgelegt.

a Mario zieht eine Karte.

1 Gib die Wahrscheinlichkeit an, mit der er das Kreuz-Ass zieht. 1 Pkt.

2 Mario behauptet: „Die Wahrscheinlichkeit für das Ziehen einer der Bildkarten (Bube, Dame, König) ist höher als für das Ziehen einer der Karten in den Farben Pik oder Kreuz.“ Hat Mario recht? Begründe deine Antwort. 2 Pkte.

b Alina zieht aus den 32 Karten nacheinander zwei Karten ohne Zurücklegen. Berechne die Wahrscheinlichkeit dafür, dass beide Karten Herz-Karten sind. 2 Pkte.

Aufgabe P 5

a Das große Dreieck setzt sich aus 9 kleinen Dreiecken zusammen.

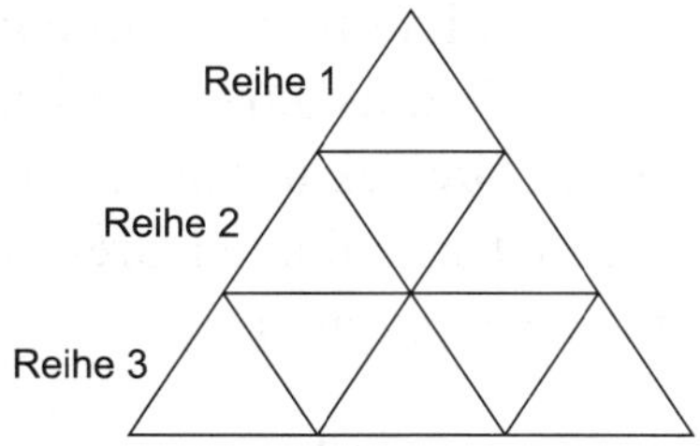

1 Das große Dreieck soll nach diesem Muster um eine Reihe 4 nach unten erweitert werden. Wie viele kleine Dreiecke benötigt man für Reihe 4? 1 Pkt.

2 Die Reihe 10 besteht aus 19 kleinen Dreiecken. Wie viele kleine Dreiecke benötigt man für die Reihe 11? Begründe deine Antwort. 2 Pkte.

3 Mit welchem dieser Terme kann man in jeder Reihe n die Anzahl der Dreiecke berechnen? Schreibe den passenden Buchstaben auf dein Reinschriftpapier. 2 Pkte.

A $3n-1$ **C** $2n-1$

B $3n+1$ **D** $2n+1$

b Löse das Gleichungssystem. Notiere deine Lösungsschritte. 4 Pkte.

$$\left| \begin{array}{l} 3x - y = 45 \\ x = 10 + y \end{array} \right|$$

Aufgabe P 6

Im Koordinatensystem ist die Gerade mit der Gleichung $y=-0{,}5x+3$ abgebildet.

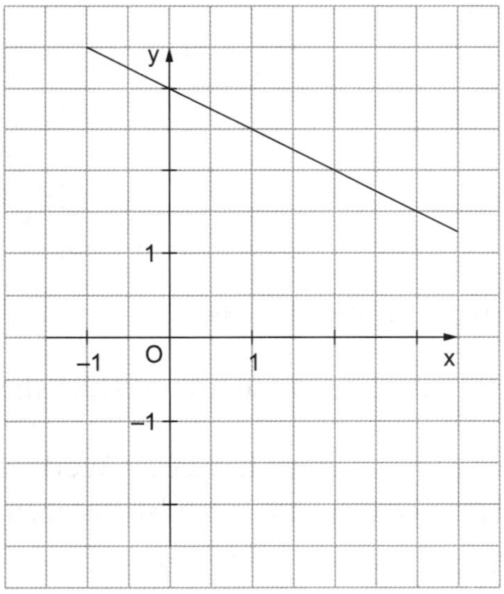

a Berechne den y-Wert für $x=16$. 2 Pkte.

b Liegt der Punkt $P(-22\,|\,14)$ auf der Geraden? Begründe deine Antwort durch eine Rechnung. 2 Pkte.

c Eine andere Gerade geht durch den Punkt $Q(0\,|\,-1)$ und verläuft parallel zu der abgebildeten Geraden. Schreibe die Gleichung dieser Geraden auf. 2 Pkte.

Aufgabe P 7

Die nebenstehende Figur besteht aus einem Halbkreis mit dem Radius 3,6 cm und einem gleichschenkligen Dreieck mit der Höhe 4,8 cm. Die Basis des gleichschenkligen Dreiecks ist der Durchmesser des Halbkreises.

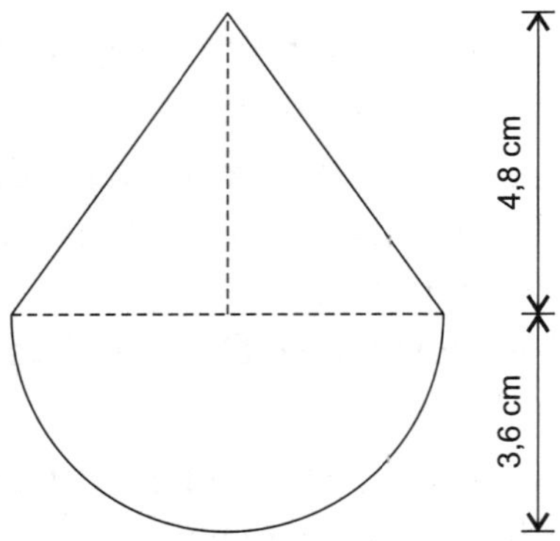

Zeichnung nicht maßstabsgerecht

a Zeichne die Figur mit den angegebenen Maßen. 2 Pkte.

b Berechne den Flächeninhalt der Figur. 5 Pkte.
Runde auf Quadratzentimeter.

c Berechne den Umfang der Figur. 5 Pkte.
Runde auf Millimeter.

Aufgabe P 8

Das Bild zeigt ein Werkstück aus Aluminium, das die Form eines Prismas hat.

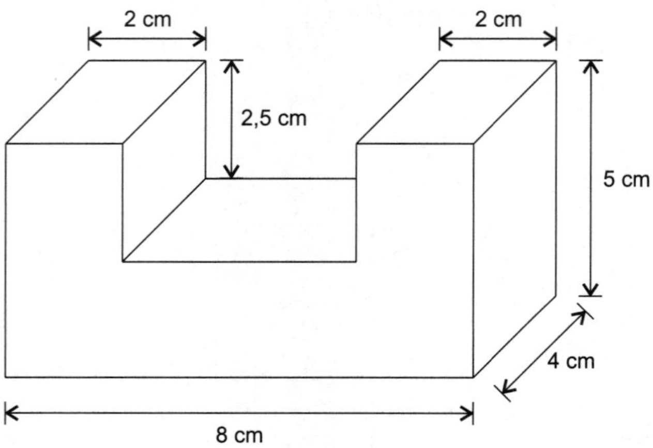

Zeichnung nicht maßstabsgerecht

a Bestimme bei diesem Werkstück die Anzahl der Flächen. 1 Pkt.

b Wie viele Kanten hat dieses Werkstück? 2 Pkte.
Schreibe den passenden Buchstaben auf dein Reinschriftpapier.

A 12 **B** 16 **C** 19 **D** 24

c Berechne die Masse des Werkstücks. 4 Pkte.
1 cm^3 Aluminium wiegt 2,7 g.

Punkte

Aufgabe W 1

Die Abbildung zeigt vier Geraden (e, f, g und h).

$\overline{AC} = 20\text{ cm}$

$\overline{DA} = 16\text{ cm}$

$\overline{BC} = 27\text{ cm}$

$e \parallel f$

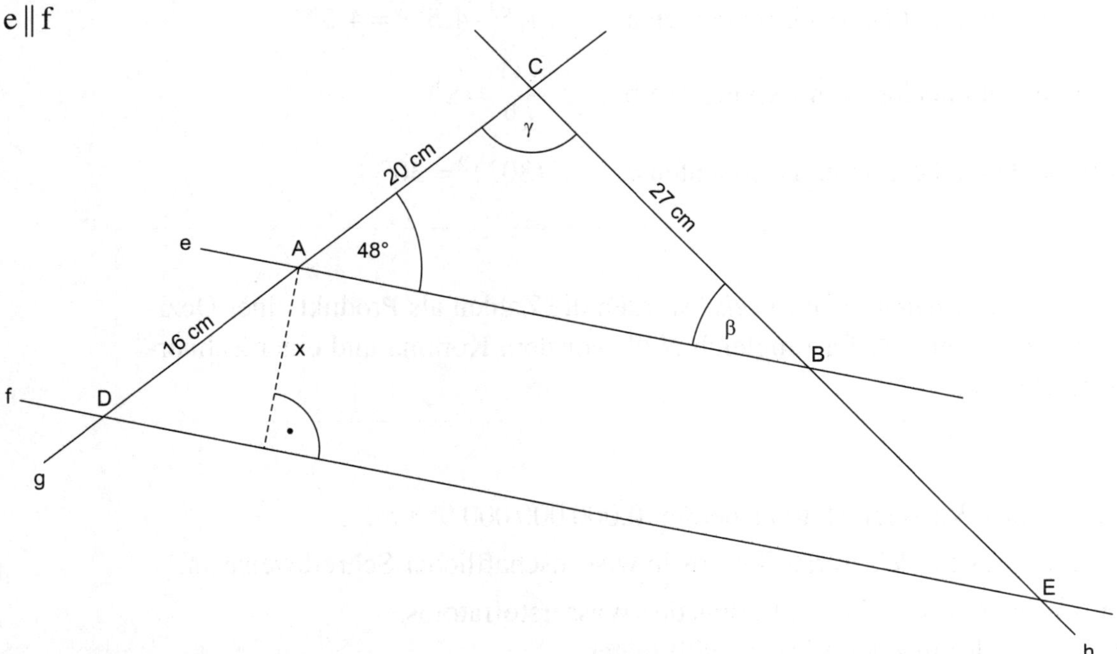

Zeichnung nicht maßstabsgerecht

a Berechne die Länge der Strecke $\overline{BE}$. | 3 Pkte. |

b Das Dreieck DEC entsteht aus der zentrischen Streckung des Dreiecks ABC. Gib den Streckfaktor k an. | 2 Pkte. |

c Die Geraden e und f sind parallel zueinander. Berechne ihren Abstand x. Runde auf Millimeter. | 3 Pkte. |

d Die Geraden g und h schneiden sich im Punkt C. Berechne die Größe des Schnittwinkels γ. Runde auf zehntel Grad. | 4 Pkte. |

Aufgabe W 2

a Zwei der folgenden Terme haben den Wert 1 Milliarde. [2 Pkte.]
Schreibe die beiden Terme auf dein Reinschriftpapier.

$10^4 \cdot 10^5$	100 000 000	$\frac{1}{10^9}$
$10^3 + 10^3 + 10^3$	$(1\,000)^3$	$(10^2)^7$

b Wende die Potenzgesetze an.

1 Bestimme den unbekannten Exponenten a. $4{,}5^3 \cdot 4{,}5^{-5} = 4{,}5^a$ [1 Pkt.]

2 Bestimme den unbekannten Exponenten b. $\frac{x^{11}}{x^b} = x^8$ [1 Pkt.]

3 Bestimme den unbekannten Exponenten c. $(30^5)^2 = 30^c$ [1 Pkt.]

> *Hinweis:*
> Bei der *wissenschaftlichen Schreibweise* werden die Zahlen als Produkt einer Dezimalzahl mit genau einer Ziffer (ungleich Null) vor dem Komma und einer Zehnerpotenz geschrieben.

c Der Radius eines Wasserstoffatoms beträgt 0,000 000 000 053 m.

1 Gib den Radius des Wasserstoffatoms in wissenschaftlicher Schreibweise an. [1 Pkt.]

2 Ein Virus hat den 140-fachen Radius des Wasserstoffatoms. [2 Pkte.]
Berechne den Radius des Virus in Millimeter.
Schreibe das Ergebnis in der wissenschaftlichen Schreibweise.

d Auf der Erde leben etwa $1 \cdot 10^{16}$ Ameisen und etwa $7 \cdot 10^9$ Menschen. [4 Pkte.]
Marina behauptet, dass alle Ameisen zusammen mehr wiegen als alle Menschen dieser Erde.
Hat Marina recht?
Begründe deine Antwort durch eine Rechnung.
Verwende dazu die nebenstehenden Größen.

0,005 g

70 kg

Bildnachweis: Ameise: © Pearson Education, Inc.; Mann: © Pearson Education, Inc.

Aufgabe W 3

Der Bogen unter der abgebildeten Brücke lässt sich durch folgende Gleichung beschreiben:

$y = -0{,}003x^2 + 60$

(Angabe für x und y in Meter)

Die Zeichnung zeigt die zugehörige Parabel. Der Ursprung des Koordinatensystems liegt unter dem höchsten Punkt des Bogens in Höhe der Wasseroberfläche.
Die Pfeiler sind gestrichelt eingezeichnet.

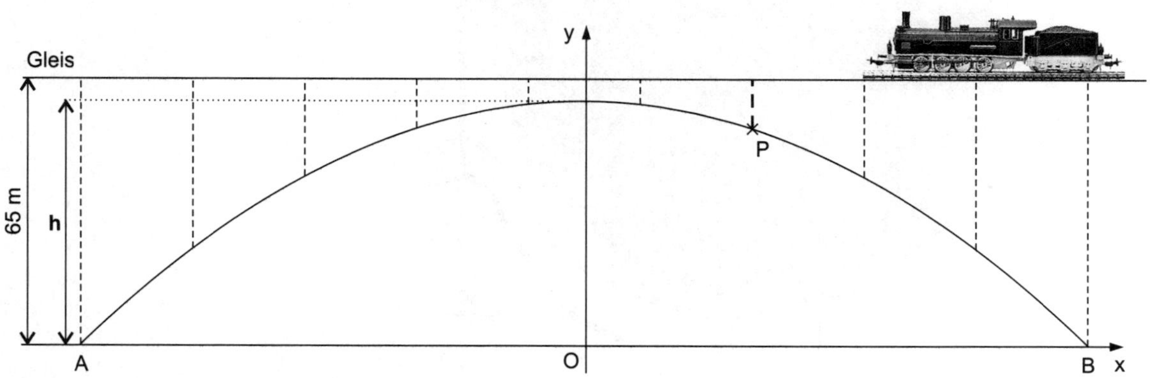

Zeichnung nicht maßstabsgerecht

a Begründe, weshalb bei der Gleichung der Faktor vor x^2 negativ sein muss. | 1 Pkt.

b Gib die Höhe h in Meter an. | 2 Pkte.

c Berechne die Spannweite $\overline{AB}$ des Bogens. Runde auf Meter.
Formuliere einen Antwortsatz. | 5 Pkte.

d Das Gleis des Zuges verläuft parallel zur x-Achse in einer Höhe von 65 m.
Der Abstand des eingezeichneten Punktes P zur y-Achse beträgt 47 m.
Berechne die Länge des in P eingezeichneten Pfeilers (dick gestrichelt). | 3 Pkte.

e Der Scheitelpunkt der Parabel wird in den Koordinatenursprung O verschoben.
Schreibe die Gleichung der verschobenen Parabel auf. | 1 Pkt.

Aufgabe W 4

Die Abbildung zeigt eine Karte vom Feldsee im Naturpark Südschwarzwald.

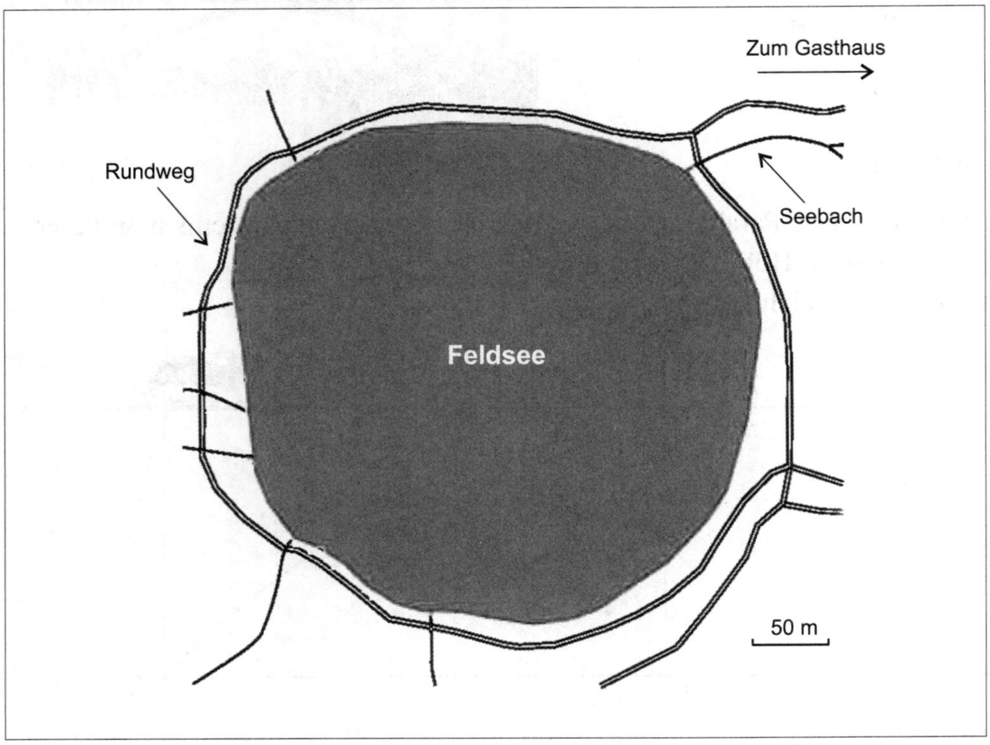

a In welchem Maßstab ist diese Karte erstellt worden? [2 Pkte.]
Schreibe den passenden Buchstaben auf dein Reinschriftpapier.

A 1:50 **C** 1:5 000

B 1:500 **D** 1:50 000

b Der Bodensee hat eine Fläche von 536 km^2. [6 Pkte.]
Wie oft passt die Fläche des Feldsees ungefähr in die Fläche des Bodensees?
Berechne hierfür die ungefähre Fläche des Feldsees.
Schätze dazu geeignete Größen und rechne damit.
Formuliere einen Antwortsatz.

c Familie Fischer möchte auf dem Rundweg um den Feldsee wandern. [4 Pkte.]
Sie will um 11:15 Uhr vom Gasthaus aus starten. Das Gasthaus ist 500 m vom Rundweg entfernt.

Schafft es Familie Fischer, spätestens um 12:00 Uhr wieder im Gasthaus zu sein, wenn sie mit einer durchschnittlichen Wandergeschwindigkeit von 4 Kilometer pro Stunde unterwegs ist?
Begründe deine Antwort durch eine Rechnung.

Aufgabe W 5

Ein Geschäft feiert sein Jubiläum mit einer besonderen Aktion.

Auf einem Spielfeld kann sich jede Kundin und jeder Kunde einen Rabatt erspielen:

Man drückt dazu einmal einen Knopf. Dadurch leuchtet zufällig ein Feld auf (siehe Abbildung).

Der Rabatt berechnet sich wie folgt:

Prozentsatz (Zeile) mal Faktor (Spalte)

Spielfeld

Prozentsatz \ Faktor	· 1	· 2	· 3
7 %			
5 %			15 % Rabatt
3 %			
1 %			

Die Wahrscheinlichkeit, dass ein Feld aufleuchtet, ist bei allen 12 Feldern gleich.

a Bestimme die Wahrscheinlichkeit dafür, dass das gefärbte Feld aufleuchtet. 1 Pkt.

b Berechne die Wahrscheinlichkeit dafür, dass bei zwei aufeinanderfolgenden Personen das gefärbte Feld aufleuchtet. 2 Pkte.

c Bestimme den maximalen Rabatt, den man bekommen kann. 1 Pkt.

d Anna und Lukas nehmen an der Rabattaktion teil.

1 Mit welcher Wahrscheinlichkeit erhält Anna einen Rabatt von mehr als 3 %? 2 Pkte.

2 Anna konnte bei der Aktion einen Rabatt von 5,91 € erzielen und musste nur noch 92,59 € bezahlen. Welches Feld leuchtete bei ihr auf? 3 Pkte.
Notiere den zugehörigen Prozentsatz und den Faktor des Feldes.
Begründe deine Antwort durch eine Rechnung.

3 Lukas würde ohne Rabatt für seinen Einkauf 55,50 € zahlen. 3 Pkte.
Er wünscht sich einen Rabatt, bei dem er weniger als 50 € zu zahlen hat.
Berechne die Wahrscheinlichkeit dafür, dass sein Wunsch erfüllt wird.

Abschlussprüfung Mathematik Realschulen Hessen
Haupttermin 2017 – Pflichtaufgaben

Punkte

Aufgabe P 1

a Ordne den Zahlen –34 und 25 den jeweils richtigen Buchstaben zu. 2 Pkte.

b Schreibe als Term: „das Dreifache einer Zahl x vermehrt um 8“. 1 Pkt.

c Verwende für die folgenden zwei Aufgaben den Term $\frac{a^2}{b+1}$.

1 Berechne den Wert des Terms für $a=5$ und $b=-3$. 1 Pkt.

2 Für $a=3$ soll der Term den Wert 1 haben. Bestimme b. 2 Pkte.

d Begründe, dass der Wert des Terms $2x+1$ für jede natürliche Zahl x immer eine ungerade Zahl ist. 2 Pkte.

Aufgabe P 2

Bei einem Fest in Australien wurden 826 gleich große, runde Pizzas gebacken.
Sie bestanden aus 500 kg Mehl, 200 kg Wasser, 50 kg Hefe, 450 kg Tomatensoße und 300 kg Mozzarella.

…

Alle Pizzas hatten, dicht aneinander gelegt, eine Gesamtlänge von 220 m.
Dies entsprach genau $\frac{11}{100}$ der Länge der längsten Pizza der Welt, die 2016 von 99 Bäckern in Neapel gebacken wurde.

a Berechne den Durchmesser einer Pizza, die bei dem Fest in Australien gebacken wurde. Runde auf Zentimeter. 2 Pkte.

b Berechne den Anteil der Masse des Mozzarellas an der Gesamtmasse. 2 Pkte.

c Berechne die Länge der längsten Pizza der Welt. 2 Pkte.

Aufgabe P 3

Eine Firma verlangt für die Entrümpelung eines Haushaltes einen Preis von 800 €.
Dazu kommen noch 19 % Mehrwertsteuer.

a Berechne den Gesamtpreis mit Mehrwertsteuer. 2 Pkte.

b Von den 800 € Einnahmen muss die Firma für Personal und sonstige Kosten 636 € bezahlen. Das restliche Geld ist der Gewinn.
Berechne, wie viel Prozent der Einnahmen der Firma als Gewinn bleiben. 3 Pkte.

c In den Sommermonaten bietet die Firma folgende Sonderaktion an: 2 Pkte.

> 15 % Rabatt auf den Gesamtpreis der Entrümpelung
> dazu
> bei Barzahlung noch einmal 5 % Rabatt auf den gesenkten Preis

Herr George freut sich: „Super, da spare ich ja 20 %."
Erkläre, weshalb seine Aussage nicht richtig ist.

Aufgabe P 4

Max und Moritz spielen mit drei Würfeln.
Für ein Spiel werden die Würfel einzeln nacheinander geworfen.
Die Augenzahlen werden addiert. Gewonnen hat der Spieler mit der höheren Augensumme.
Bei gleichen Summen endet das Spiel unentschieden.

a Schreibe die größte Augensumme auf, die mit drei Würfeln erreicht werden kann. 1 Pkt.

b Max hat im ersten Spiel die Augensumme 13 gewürfelt. Moritz würfelt mit dem ersten Würfel eine 4 und mit dem zweiten Würfel eine 5.
Gib die Wahrscheinlichkeit dafür an, dass Moritz das Spiel gewinnt. 2 Pkte.

c Beim zweiten Spiel würfelt Moritz eine 3 und zweimal eine 4.
Max würfelt mit dem ersten Würfel nur eine 1.
Bestimme die Wahrscheinlichkeit, dass Max dieses Spiel noch gewinnt. 3 Pkte.

Aufgabe P 5

Die Autovermietungen „SchnellCar“ und „FahrCar“ werben mit unterschiedlichen Angeboten.
Die Autovermietung „SchnellCar“ hat ihr Angebot auf folgendes Werbeschild geschrieben:

> **Mieten Sie einen Pkw von „SchnellCar“!**
>
> Grundgebühr nur 80 €!
> (zusätzlich 0,20 € pro gefahrenem Kilometer)

Der Text auf dem Werbeschild lässt sich auch durch die Gleichung $y = 80 + 0,20 \cdot x$ ausdrücken. In der Gleichung ist x die Anzahl der gefahrenen Kilometer und y der zu zahlende Preis in Euro.

a **1** Herr Schmidt mietet einen Pkw bei der Autovermietung „SchnellCar“ und legt damit eine Strecke von 550 km zurück. Berechne, welchen Preis er hierfür bezahlen muss. [1 Pkt.]

2 Frau Müller mietet ebenfalls einen Pkw bei der Autovermietung „SchnellCar“ und muss 145 € bezahlen. Berechne, wie viele Kilometer sie mit dem Mietwagen gefahren ist. [2 Pkte.]

Das Angebot der Autovermietung „FahrCar“ lässt sich durch die Gleichung $y = 70 + 0,25 \cdot x$ beschreiben.

b **1** Die Autovermietung möchte ebenfalls ein Werbeschild aufstellen. Schreibe einen passenden Text für das Werbeschild von „FahrCar“. [2 Pkte.]

2 Bestimme, bei wie vielen gefahrenen Kilometern beide Angebote gleich viel kosten. Gib auch den dazugehörigen Preis an. Formuliere einen Antwortsatz. [5 Pkte.]

Aufgabe P 6

Abgebildet ist ein regelmäßiges Fünfeck ABCDE.
Alle Eckpunkte des Fünfecks liegen auf einem Kreis.
Der Kreis hat den Mittelpunkt M und den Radius r.

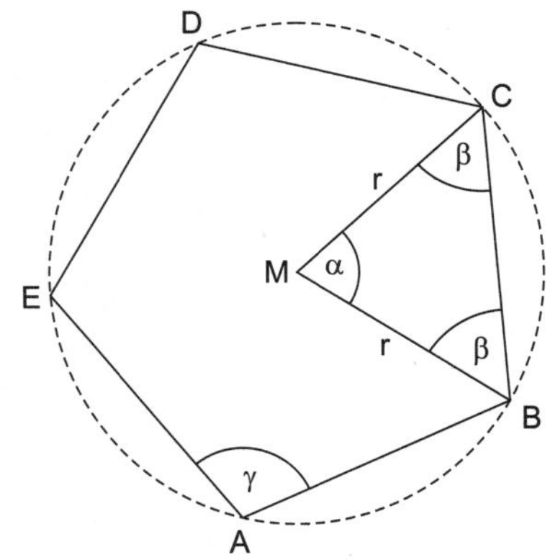

Zeichnung nicht maßstabsgerecht

a Zeige durch eine Rechnung, dass der Winkel α in diesem Fünfeck genau 72° groß sein muss. [2 Pkte.]

b Berechne die Größen der Winkel β und γ. [3 Pkte.]

Aufgabe P 7

a Zeichne ein gleichschenkliges Trapez ABCD mit den Basiswinkeln $\alpha=\beta=62°$, der Seite $\overline{AB} = 7{,}2$ cm und der Seite $\overline{BC} = 4{,}8$ cm. Beschrifte die Eckpunkte. 4 Pkte.

b **1** Berechne den Flächeninhalt der nebenstehenden Figur. 2 Pkte.

2 Berechne den Umfang dieser Figur. 4 Pkte.

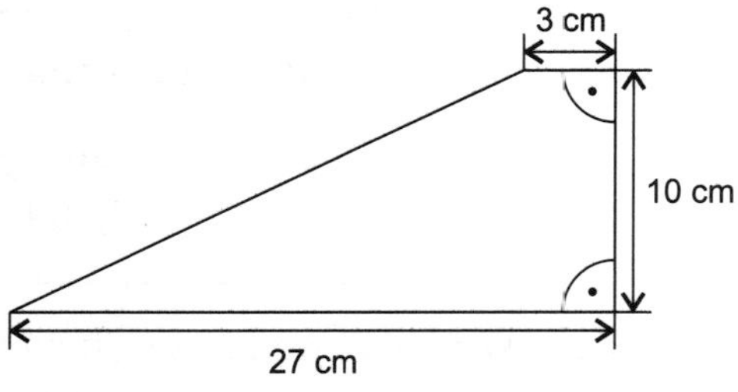

Zeichnung nicht maßstabsgerecht

Aufgabe P 8

In der gesamten Geschichte der Menschheit wurden bisher schätzungsweise 180 000 Tonnen Gold gefördert. Stell dir vor, man könnte aus dieser Menge Gold einen Würfel herstellen. Berechne die Kantenlänge dieses Würfels. Runde auf Meter. 4 Pkte.

Hinweis: 1 m^3 Gold wiegt 19 300 kg.

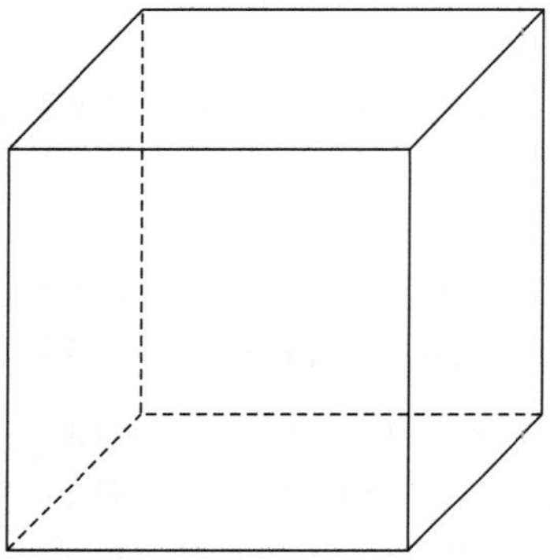

Bildnachweis: © John Kounadeas I Dreamstime.com (Fragezeichen); © Steffen Foerster. Shutterstock (Goldklumpen)

Punkte

Aufgabe W 1

Abgebildet ist eine Skizze mit den Grundstücken der Familien Kuhn, Böhm und Meier. Um Gebühren berechnen zu können, hat die Stadtverwaltung Vermessungen durchgeführt und die ermittelten Werte in die Skizze eingetragen.

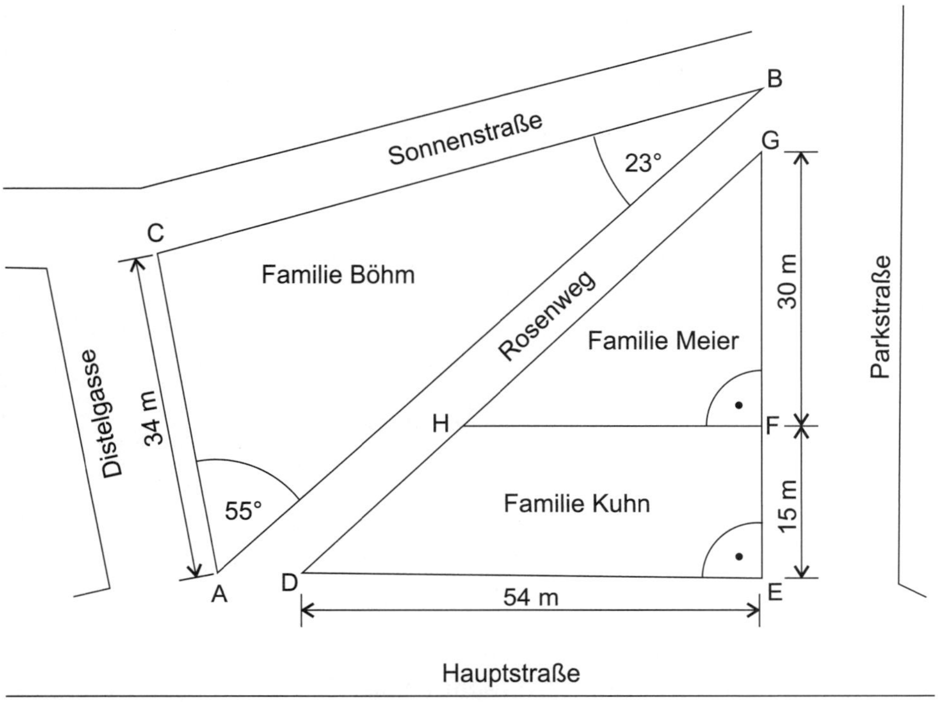

Zeichnung nicht maßstabsgerecht

a Für die Entsorgung des Niederschlagswassers verlangt die Stadt eine jährliche Gebühr von 0,65 € für jeden Quadratmeter der Grundstücksfläche. Berechne die jährliche Gebühr, die Familie Meier zu zahlen hat. — 4 Pkte.

b Der Rosenweg soll erneuert werden. Die anfallenden Kosten werden auf die Anwohner anteilig umgelegt. Um die Kosten berechnen zu können, müssen die Längen der Grundstücke am Rosenweg bekannt sein.

1 Berechne für das Grundstück der Familie Kuhn die Länge der Strecke $\overline{DH}$. Runde auf Meter. — 4 Pkte.

2 Berechne für das Grundstück der Familie Böhm die Länge der Strecke $\overline{AB}$. Runde auf Meter. — 4 Pkte.

Aufgabe W 2

Im Koordinatensystem sind die Graphen zweier Funktionen eingezeichnet.

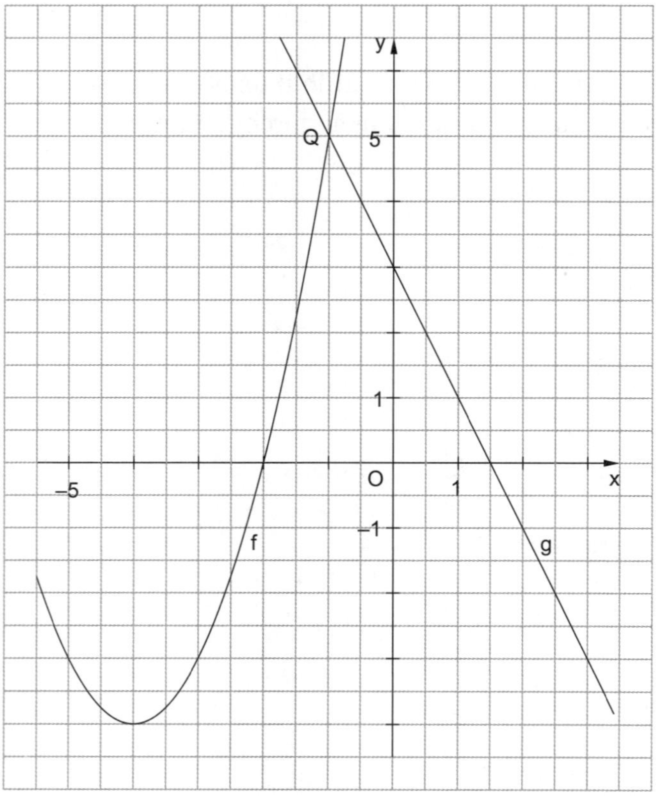

Die Gerade g wird durch die Gleichung $y = -2x + 3$ beschrieben.
Die Parabel f wird durch die Gleichung $y = x^2 + 8x + 12$ beschrieben.

a Ein Schnittpunkt der beiden Graphen ist Q. Schreibe die Koordinaten des Punktes Q auf. 1 Pkt.

b **1** Der Punkt $A(x|18)$ liegt auf der Geraden g. Berechne die Koordinate x. 2 Pkte.

2 Schreibe die Gleichung einer zur Geraden g parallelen Geraden auf. 2 Pkte.

c Die Parabel f ist eine verschobene Normalparabel.

1 Schreibe die Koordinaten ihres Scheitelpunktes S auf. 1 Pkt.

2 Schreibe die Gleichung zur Parabel f in der Scheitelpunktform auf. 2 Pkte.

3 Bestimme zur Funktion von f die beiden Nullstellen. 2 Pkte.

d Zeige mithilfe der obigen Gleichungen rechnerisch, dass der zweite Schnittpunkt der Geraden g und der Parabel f der Punkt $P(-9|21)$ ist. 2 Pkte.

Aufgabe W 3

Auf der Erde lebten im Jahr 2015 rund 7,35 Milliarden Menschen. Die Tabelle gibt die Einwohnerzahlen der einzelnen Kontinente im Jahr 2015 an.

Kontinent	Bevölkerungszahl
Asien	4 395 Mio.
Afrika	1 186 Mio.
Australien und Ozeanien	39 Mio.
Nord- und Südamerika	992 Mio.
Europa	

a Berechne die Bevölkerungszahl in Europa im Jahr 2015. [1 Pkt.]

b Die Weltbevölkerung nimmt seit Ende des letzten Jahrhunderts alle zehn Jahre um etwa 10 % zu.

1 Gib den Wachstumsfaktor an, mit dem die Weltbevölkerung alle zehn Jahre zunimmt. [1 Pkt.]

2 Berechne die Anzahl der Menschen, die bei gleichbleibendem Wachstum im Jahr 2055 auf der Erde leben würden. Runde auf Millionen. [2 Pkte.]

3 Berechne die Anzahl der Menschen, die im Jahr 2005 auf der Erde lebten. Runde auf Millionen. [2 Pkte.]

c Eine Prognose aus dem Jahr 2015 geht davon aus, dass die Bevölkerung in Asien in den kommenden Jahren um durchschnittlich 35 Millionen Menschen pro Jahr zunehmen wird. Berechne, wie viele Menschen dann im Jahr 2030 in Asien leben würden. [2 Pkte.]

d Am stärksten wächst die Zahl der Menschen in Afrika. Für die nächsten Jahre kann man davon ausgehen, dass die afrikanische Bevölkerung jedes Jahr um ca. 1,6 % zunimmt.

1 Notiere einen Term, mit dem man die Bevölkerungszahl in Afrika für die Anzahl der Jahre x ab 2015 berechnen kann. [2 Pkte.]

2 André behauptet: „Wenn die afrikanische Bevölkerung jedes Jahr um 1,6 % zunimmt, dann ist die Bevölkerung in 100 Jahren um 160 % gewachsen.“
Hat André recht? Begründe deine Antwort. [2 Pkte.]

Aufgabe W 4

In manchen Geschäften gibt es Wasserspender für die Kundschaft. Das Wasser befindet sich in einem Behälter, der auf einem Apparat montiert ist.
Man kann sich das Wasser in Spitzbechern aus Pappe abfüllen (siehe Abbildungen).

a Für wie viele Füllungen reicht das Wasser aus einem vollen Behälter, wenn alle Spitzbecher vollständig gefüllt werden? 8 Pkte.
Schätze zur Beantwortung der Frage geeignete Längen in den Abbildungen und rechne damit. Formuliere einen Antwortsatz.

b Stell dir vor, dass diese Spitzbecher nur bis zur halben Höhe gefüllt werden. 4 Pkte.
Wie viele Füllungen sind nun im Vergleich zu vollständig gefüllten Spitzbechern möglich?
Begründe deine Antwort durch eine Rechnung.
Du kannst zur Beantwortung der Frage die Rechenergebnisse aus Aufgabe a nutzen.
Wähle dann die richtige Antwort aus und schreibe sie auf dein Reinschriftpapier.

A doppelt so viele Füllungen

B viermal so viele Füllungen

C sechsmal so viele Füllungen

D achtmal so viele Füllungen

E zehnmal so viele Füllungen

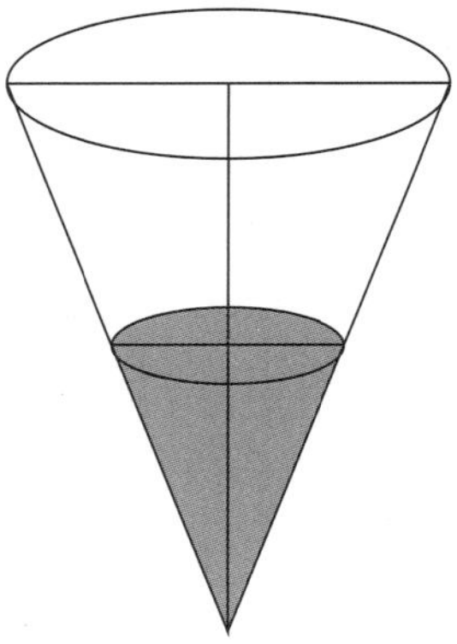

Skizze nicht maßstabsgerecht

Aufgabe W 5

Beim Schulfest verkauft die Klasse 10a Lose zum Preis von je 1 €. Die 100 Lose wurden dazu in ein Gefäß gelegt. Es gibt folgende Gewinnlose:

1 Gewinn von 10 €
3 Gewinne von 5 €
6 Gewinne von 2 €
10 Gewinne von 1 €

Alle anderen Lose sind Nieten.

a Wie viel Euro hat die Klasse für ihre Klassenkasse verdient, wenn alle Lose verkauft und alle Gewinne ausgezahlt sind? 1 Pkt.

b Nils möchte als Erster ziehen. Wie viele Lose muss er mindestens kaufen, damit er mit Sicherheit ein Gewinnlos zieht? 2 Pkte.

c Wie groß ist die Wahrscheinlichkeit, gleich beim ersten Zug aus dem vollen Gefäß das Gewinnlos mit 10 € zu ziehen? 1 Pkt.

d Aus dem vollen Gefäß werden nacheinander zwei Lose gezogen.

1 Berechne die Wahrscheinlichkeit dafür, dass zwei Nieten gezogen werden. 2 Pkte.

2 Berechne die Wahrscheinlichkeit dafür, dass genau ein Gewinnlos unter den beiden Losen ist. 3 Pkte.

e Am Nachmittag sind nur noch 12 Lose im Gefäß. Das 10-€-Gewinnlos ist noch nicht gezogen. Alle anderen Lose sind Nieten.

1 Jan überlegt sich, alle Lose auf einmal zu kaufen.
Begründe, warum dieser Kauf nicht sinnvoll ist. 1 Pkt.

2 Jan kauft nur drei Lose.
Berechne die Wahrscheinlichkeit dafür, dass er drei Nieten zieht. 2 Pkte.

Abschlussprüfung Mathematik Realschulen Hessen
Haupttermin 2018 – Pflichtaufgaben

Punkte

Aufgabe P 1

a Welche Zahl liegt in der Mitte zwischen -8 und 4? 1 Pkt.

b Welche beiden Zahlen erfüllen die Bedingung $-2{,}5 < x < 0{,}5$? 2 Pkte.
Schreibe beide Buchstaben auf dein Reinschriftpapier.

A -3 **B** $-\frac{3}{4}$ **C** $\frac{4}{3}$

D $-\frac{4}{3}$ **E** $\frac{3}{4}$ **F** 4

c Gegeben ist der Term $\sqrt{32x \cdot 2x}$ mit $x \geq 0$.

1 Berechne den Wert des Terms für $x = 5$. 1 Pkt.

2 Vereinfache den Term so weit wie möglich. 2 Pkte.

3 Für welche Zahl x hat der Term den Wert 8? 1 Pkt.

Aufgabe P 2

Maria und Max suchen in einem Elektronik-Fachmarkt nach besonderen Angeboten.

a Max möchte einen Fernseher kaufen und findet folgendes Angebot: 2 Pkte.

Alter Preis:	1 400 €
Preisnachlass:	12 %

Berechne den Preis des Fernsehers nach dem Preisnachlass.

b Maria möchte ein Smartphone kaufen. 3 Pkte.
Sie findet ein Gerät, bei dem der ursprüngliche Preis um 15 % gesenkt wurde.
Der reduzierte Preis beträgt nun 357 €.
Berechne, um wie viel Euro der ursprüngliche Preis gesenkt wurde.

c Ein Notebook kostet mit 19 % Mehrwertsteuer 1 249,50 €. 2 Pkte.
Berechne den Preis ohne Mehrwertsteuer.

Aufgabe P 3

Tom hat einen 1,6 Kilometer langen Schulweg.

a Zu Fuß benötigt er für seinen Schulweg 20 Minuten. 2 Pkte.
Gib seine durchschnittliche Geschwindigkeit in $\frac{\text{km}}{\text{h}}$ an.

b Mit dem Fahrrad fährt Tom seinen Schulweg mit einer durchschnittlichen 2 Pkte.
Geschwindigkeit von $16\,\frac{\text{km}}{\text{h}}$.
Wie viele Minuten benötigt er mit dem Fahrrad für seinen Schulweg?

c Tom erzählt: „Zuerst ging ich langsam los. Auf halbem Weg merkte ich, dass ich mein Pausenbrot vergessen hatte, kehrte um und packte es ein. Danach nahm ich das Fahrrad und radelte schnell zur Schule.“ 1 Pkt.
Welches Diagramm passt am besten zu Toms Schulweg-Geschichte?

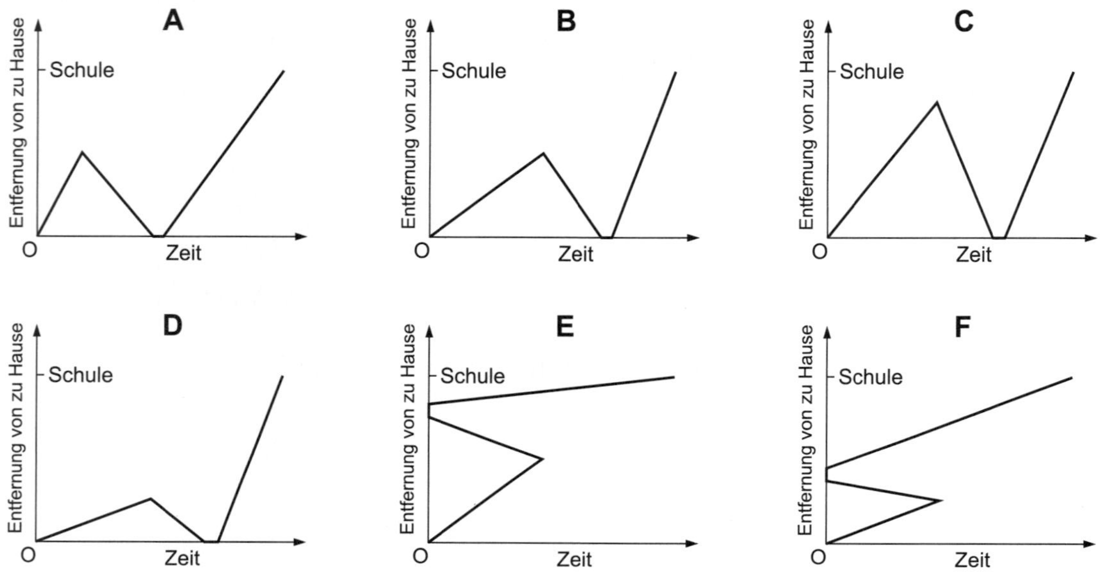

Aufgabe P 4

a Zeichne das Dreieck ABC mit den Maßen c = 4 cm, b = 5,5 cm und $\beta = 44°$. 3 Pkte.
Beschrifte die Eckpunkte.

b Abgebildet ist das Dreieck DEF.

1 Gib die Größe des Winkels ε an. 1 Pkt.

2 Berechne den Flächeninhalt des Dreiecks DEF. 4 Pkte.

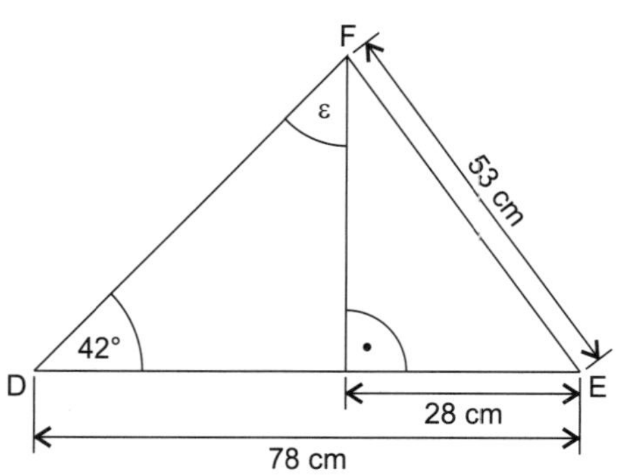

Zeichnung nicht maßstabsgerecht

Aufgabe P 5

Zu einem Spiel gehört ein „8er-Würfel“ (Oktaeder). Auf jeder seiner acht Seiten ist jeweils ein Symbol abgebildet:
viermal ein Kreuz, dreimal ein Herz und einmal ein Kleeblatt.

a Es wird einmal gewürfelt. Mit welcher Wahrscheinlichkeit würfelt man ein Herz? 1 Pkt.

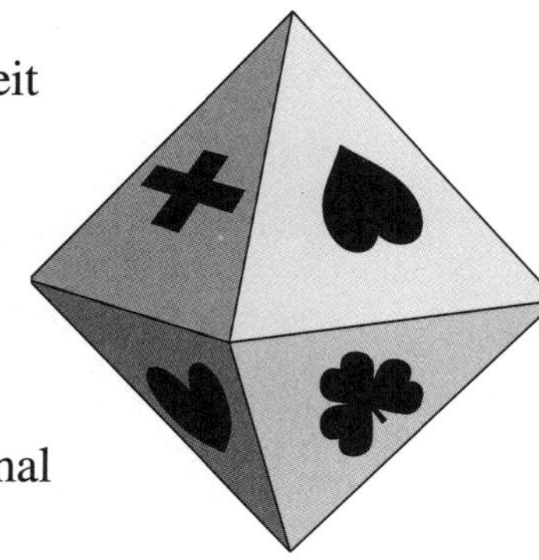

b Es wird zweimal hintereinander gewürfelt.

1 Berechne, mit welcher Wahrscheinlichkeit zuerst ein Kleeblatt und dann ein Kreuz gewürfelt wird. 2 Pkte.

2 Berechne, mit welcher Wahrscheinlichkeit genau einmal ein Kleeblatt gewürfelt wird. 3 Pkte.

c Lea erzählt, dass sie dreimal hintereinander das gleiche Symbol gewürfelt hat. Paul sagt: „Dann hast du mit Sicherheit dreimal ein Kreuz gewürfelt.“ Hat er recht? Begründe deine Antwort. 2 Pkte.

Aufgabe P 6

Herr Schäfer benötigt für einen kreisrunden Tisch mit einem Durchmesser von 90 cm eine Tischdecke. Diese soll auch kreisrund sein und an der Tischkante überall 20 cm überhängen (siehe Abbildung). 6 Pkte.

Die Tischdecke wird aus einem quadratischen Stück Stoff mit der Seitenlänge 1,40 m ausgeschnitten.

Berechne, wie viel Prozent des Stoffes bei der Herstellung der Tischdecke als Abfall anfallen.
Runde auf Prozent.

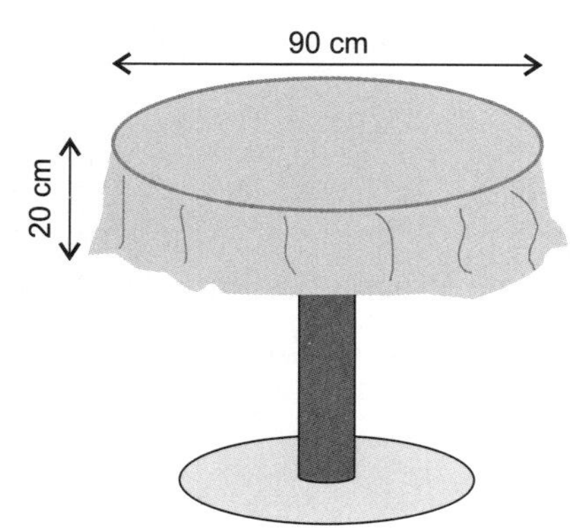

Zeichnung nicht maßstabsgerecht

Aufgabe P 7

a In den folgenden Abbildungen werden Dreiecke aus Streichhölzern gelegt. Aus Figur 1 erhält man durch Anlegen weiterer Streichhölzer die Figur 2. Durch weiteres Anlegen an die Figur 2 erhält man so die Figur 3. Dabei legt man neue Streichhölzer immer an der rechten Seite an.

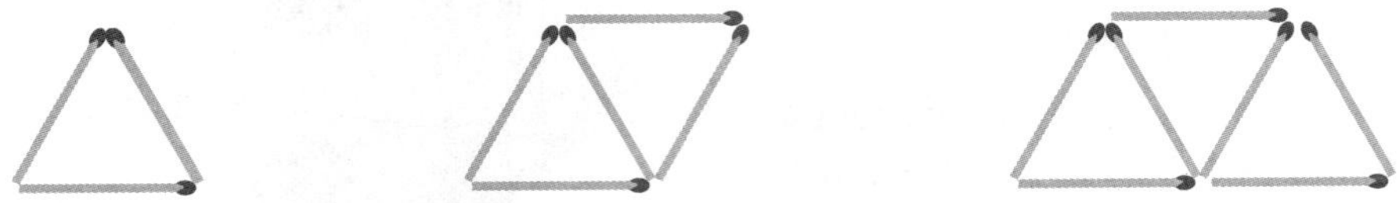

1 Wie viele Streichhölzer benötigt man nach dieser Vorschrift insgesamt für die Figur 4? 1 Pkt.

2 Aus wie vielen Dreiecken besteht die Figur, wenn man nach dieser Vorschrift genau 25 Streichhölzer verwendet? 2 Pkte.

3 Mit welchem dieser Terme kann man die Anzahl der Streichhölzer für n Dreiecke berechnen? 1 Pkt.
Schreibe den passenden Buchstaben auf dein Reinschriftpapier.

A $2n-1$ **B** $2(n-1)$

C $2n+1$ **D** $2(n+1)$

b Löse das nebenstehende Gleichungssystem. Notiere deine Lösungsschritte. 4 Pkte.

$$\begin{vmatrix} x = y + 2{,}5 \\ 2x + 3y = 19 \end{vmatrix}$$

Aufgabe P 8

Das abgebildete Prisma besteht aus Marmor.
1 cm^3 Marmor wiegt 2,7 g.

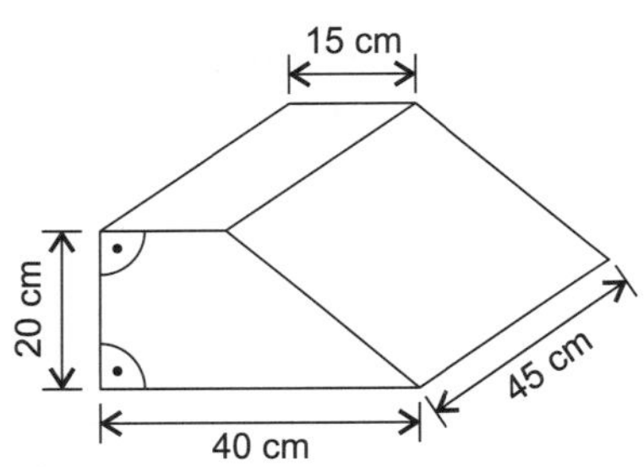

Zeichnung nicht maßstabsgerecht

a Gib die Anzahl der Flächen f, der Ecken e und der Kanten k des Prismas an. 3 Pkte.
Schreibe auf dein Reinschriftpapier in der Form:

f= e= k=

b Berechne die Masse des Prismas. Gib dein Ergebnis in Kilogramm an. 4 Pkte.

Punkte

Aufgabe W 1

Das Dreieck ABC wird unterteilt in das Dreieck ADE und das Viereck DBCE.

$\overline{BC} = 20\text{ cm}$

$\overline{AD} = 18\text{ cm}$

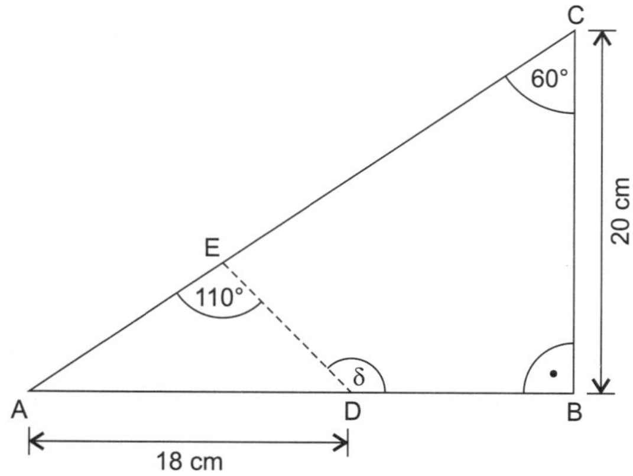

Zeichnung nicht maßstabsgerecht

a Berechne die Länge der Strecke $\overline{AC}$. 2 Pkte.

b Berechne die Länge der Strecke $\overline{DE}$. Runde dein Ergebnis auf Millimeter. 4 Pkte.

c Berechne den Flächeninhalt des Dreiecks ABC. Runde auf Quadratzentimeter. 4 Pkte.

d Der Punkt E wird auf der Strecke $\overline{AC}$ so verschoben, dass für die Figur nach dem Strahlensatz folgende Gleichung gilt: 2 Pkte.

$$\frac{\overline{AD}}{\overline{DB}} = \frac{\overline{AE}}{\overline{EC}}$$

Wie groß ist unter dieser Bedingung der Winkel δ? Begründe deine Antwort.

Aufgabe W 2

a Im Koordinatensystem ist ein Ausschnitt des Graphen der quadratischen Funktion mit der Gleichung $y = x^2 - 7x + 6$ eingezeichnet.

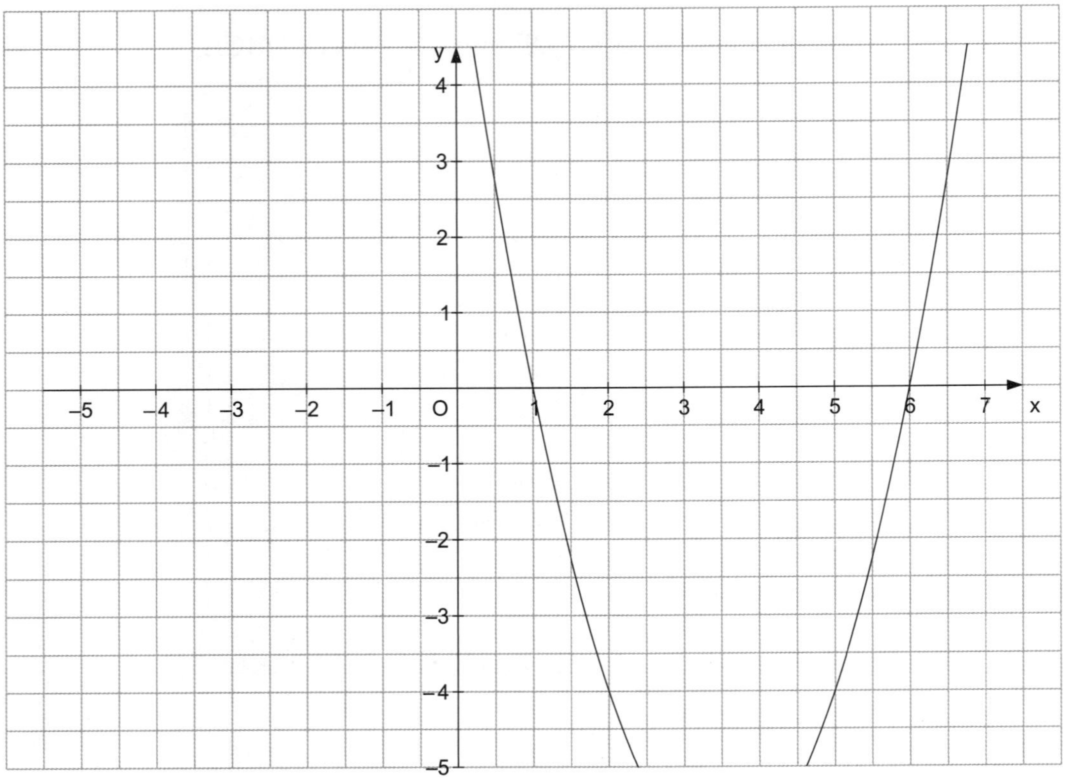

1 Diese Parabel schneidet die y-Achse im Punkt P. Bestimme die Koordinaten des Punktes P. 2 Pkte.

2 Bestimme die Koordinaten des Scheitelpunktes S dieser Parabel. 2 Pkte.

3 Die Parabel wird an der y-Achse gespiegelt. Notiere die Gleichung der gespiegelten Parabel. 2 Pkte.

b Berechne die Nullstellen der quadratischen Funktion mit der Gleichung $y = x^2 - 3{,}9x + 3{,}5$. 4 Pkte.

c Notiere die Funktionsgleichung einer nach unten offenen Parabel, die nur eine Nullstelle bei $x = -3$ hat. 2 Pkte.

Aufgabe W 3

Lilly findet den Tee aus dem Getränkeautomaten ihrer Schule oft so heiß, dass die Pause zum Trinken kaum ausreicht. In einem Physikbuch findet sie die Information, dass sich heißes Wasser in jeder Minute um rund 3 % abkühlt.
Sie möchte diesen Sachverhalt am Tee aus der Schule experimentell überprüfen.
Die Ausgabetemperatur des Tees betrug 90 °C. Anschließend wurde die Temperatur nach jeweils einer Minute gemessen. Die Messergebnisse werden in der abgebildeten Tabelle notiert.

Zeit (in Minuten)	0	1	2	…	…
Temperatur (in °C)	90,0	87,3	84,7	…	…

a Zeige rechnerisch, dass die nach einer Minute und nach zwei Minuten gemessenen Werte die Information aus dem Physikbuch bestätigen. 2 Pkte.

Nimm bei der Berechnung der folgenden Aufgaben an, dass der heiße Tee in jeder Minute um 3 % abkühlt.

b Berechne die Temperatur, die der Tee nach 4 Minuten hat.
Runde auf zehntel Grad Celsius. 2 Pkte.

c Notiere einen Term, mit dem man die Temperatur des Tees nach jeder Minute berechnen kann. 2 Pkte.

d Lilly möchte, dass der Tee nicht zu heiß ist.
Wie viele Minuten muss sie mindestens warten, bis der Tee kälter als 65 °C ist? 2 Pkte.

e Welcher Graph beschreibt den Vorgang des Abkühlens am besten?
Schreibe den richtigen Buchstaben auf dein Reinschriftpapier. 2 Pkte.

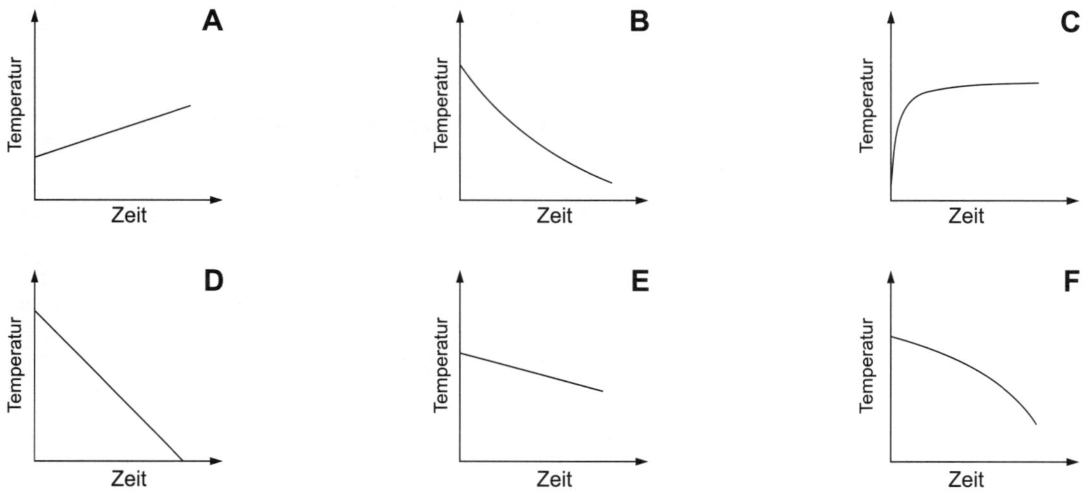

f Ein Gespräch mit dem Hausmeister ergab, dass man die Ausgabetemperatur des Tees am Automaten verändern kann. Berechne, welche Ausgabetemperatur eingestellt werden müsste, damit die Temperatur des Tees nach 5 Minuten etwa 60 °C beträgt. Runde auf Grad Celsius. 2 Pkte.

Aufgabe W 4

Im Chemieunterricht werden verschiedene Glasgefäße verwendet.
Die Abbildung zeigt einen Rundkolben, der bis zur Markierung mit einer Flüssigkeit befüllt ist.

a Berechne das Volumen der Flüssigkeit in diesem Rundkolben. Schätze zur Lösung der Aufgabe geeignete Längen in der Abbildung und rechne damit. Gib dein Ergebnis in Milliliter an. Runde auf ganze Milliliter. [7 Pkte.]

Zur Lösung der folgenden Aufgabe kannst du dein Ergebnis aus Aufgabe **a** verwenden.

b Die Flüssigkeit in diesem Rundkolben wird vollständig in einen zylinderförmigen Becher umgefüllt. Im Becher steht die Flüssigkeit 10 cm hoch.

1 Berechne den Radius des Bechers. [3 Pkte.]

2 Nimm an, dass die Flüssigkeit vollständig in einen anderen zylinderförmigen Becher umgefüllt wird. Dieser Becher hat einen doppelt so großen Radius. Wie hoch steht nun die Flüssigkeit in diesem Becher? [2 Pkte.]

Aufgabe W 5

Semi und Ines spielen ein Spiel, bei dem man aus Buchstaben Wörter bilden muss. Dazu zieht man zufällig Steine mit aufgedruckten Buchstaben aus einem Beutel. Insgesamt gibt es 100 Buchstabensteine. Auf jedem Stein steht der Wert des Buchstabens. Die Abbildung unten zeigt die Buchstabensteine. Neben jedem Stein steht, wie oft er im Spiel vorhanden ist.

Beispiel:

Der Buchstabe A_1 hat den Wert 1 und dieser Stein kommt im Spiel fünfmal vor.

	Anzahl		Anzahl		Anzahl		Anzahl		Anzahl
A_1	5	F_4	2	L_2	3	Q_{10}	1	V_6	1
$Ä_6$	1	G_2	3	M_3	4	R_1	6	W_3	1
B_3	2	H_2	4	N_1	9	S_1	7	X_8	1
C_4	2	I_1	6	O_2	3	T_1	6	Y_{10}	1
D_1	4	J_6	1	$Ö_8$	1	U_1	6	Z_3	1
E_1	15	K_4	2	P_4	1	$Ü_6$	1		

a Mit welcher Wahrscheinlichkeit zieht Semi aus dem vollen Beutel einen Stein mit dem Buchstaben B? 1 Pkt.

b Berechne die Wahrscheinlichkeit, dass Semi aus dem vollen Beutel einen Stein mit dem Wert 4 zieht. 2 Pkte.

c Ines entnimmt aus dem vollen Beutel fünf Steine und addiert deren Werte. Bestimme die größte erreichbare Summe. 2 Pkte.

d Ines hat drei Steine aus dem vollen Beutel gezogen: ein E, ein N und ein S. Bestimme die Wahrscheinlichkeit, dass sie mit dem nächsten gezogenen Stein ihren Namen legen kann. 2 Pkte.

e Semi zieht aus dem vollen Beutel zwei Steine. Berechne die Wahrscheinlichkeit, dass er aus diesen beiden Buchstaben das Wort „JA“ legen kann. 3 Pkte.

f Ines und Semi beginnen ein neues Spiel mit dem vollen Beutel. Sie ziehen beide abwechselnd jeweils einen Stein und legen diesen auf den Tisch. Es gewinnt, wer aus den Buchstaben auf dem Tisch zuerst seinen Namen legen kann. Wer hat die größeren Gewinnchancen? Begründe deine Antwort. 2 Pkte.

Abschlussprüfung Mathematik Realschulen Hessen
Haupttermin 2019 – Pflichtaufgaben

Punkte

Aufgabe P 1

a 3 kg Orangen kosten auf dem Markt 5,40 €.

1 Berechne den Preis für 5 kg dieser Orangen. 2 Pkte.

2 Wie viel Kilogramm Orangen erhält man für 12,60 €? 2 Pkte.

b Aus einer Kiste Orangen werden 1,2 Liter Saft gepresst. 2 Pkte.
Wie viel Liter sind $\frac{2}{3}$ des ausgepressten Saftes?

Aufgabe P 2

Der ICE-4 hat insgesamt 830 Sitzplätze,
die sich auf die 1. und 2. Klasse verteilen.
In der 2. Klasse befinden sich 625 Sitzplätze.
28 % der Sitzplätze in der 2. Klasse sind im Ruhebereich.

a Berechne, wie viel Prozent der gesamten Sitzplätze des ICE-4 sich in der 2. Klasse befinden. 2 Pkte.
Runde auf ganze Prozent.

b Berechne, wie viele Sitzplätze sich im Ruhebereich der 2. Klasse des ICE-4 befinden. 2 Pkte.

c Der ICE-4 hat insgesamt etwa 18 % mehr Sitzplätze als der alte ICE-1. 2 Pkte.
Wie viele Sitzplätze gibt es im alten ICE-1?

Aufgabe P 3

a Verwende für die folgenden drei Aufgaben den Term x^3.

1 Berechne den Wert des Terms für $x=3{,}5$. | 1 Pkt.

2 Welche Zahl muss man in diesen Term einsetzen, sodass sein Wert 343 ist? | 1 Pkt.

3 Lukas behauptet, dass der Wert des Terms nie negativ sein kann. Hat Lukas recht? Begründe deine Antwort. | 2 Pkte.

b In einem Stall sind x Hasen und y Meerschweinchen. | 1 Pkt.
Zur Gleichung $y-x=5$ passt eine der folgenden Aussagen.
Schreibe den Buchstaben der richtigen Aussage auf dein Reinschriftpapier.

A Es gibt fünf Hasen mehr als Meerschweinchen.

B Es gibt fünf Hasen und fünf Meerschweinchen.

C Es gibt fünf Meerschweinchen weniger als Hasen.

D Es gibt fünf Meerschweinchen mehr als Hasen.

c Löse das nebenstehende Gleichungssystem. Notiere deine Lösungsschritte. | 4 Pkte.

$$\left| \begin{array}{r} x-3y=-2 \\ 3x+3y=42 \end{array} \right|$$

Aufgabe P 4

Die abgebildete Gerade g ist der Graph der linearen Funktion $y=0{,}5x+4$.

a Berechne die Nullstelle dieser Funktion. | 2 Pkte.

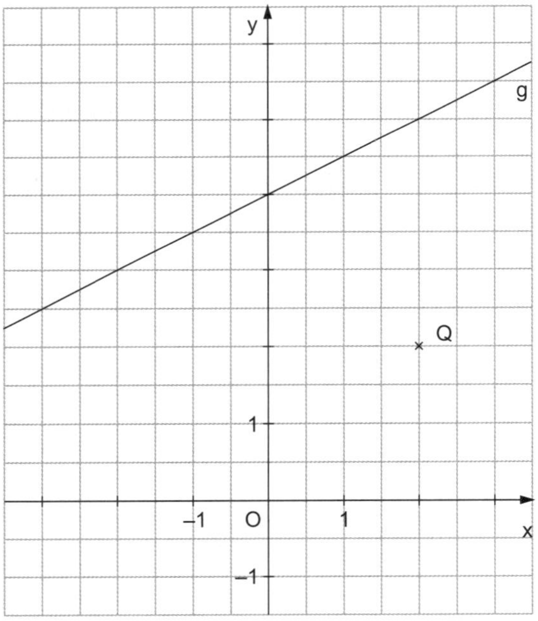

b Liegt der Punkt P(12|10) auf der Geraden g? Begründe deine Antwort durch eine Rechnung. | 2 Pkte.

c Gib die Gleichung der linearen Funktion an, deren Graph parallel zur Geraden g durch den Punkt Q verläuft. | 2 Pkte.

d Spiegelt man die Gerade g an der x-Achse, so erhält man eine neue Gerade. Schreibe die Gleichung auf, die zu dieser Geraden gehört. | 2 Pkte.

Aufgabe P 5

Ein „20er-Spielwürfel“ hat die Form eines Ikosaeders.
Ein Ikosaeder besteht aus zwanzig kongruenten gleichseitigen Dreiecken. Die dreieckigen Seitenflächen sind mit den Zahlen von 1 bis 20 beschriftet.

a Der „20er-Spielwürfel“ wird einmal geworfen.

1 Mit welcher Wahrscheinlichkeit wird die Zahl 12 gewürfelt? 1 Pkt.

2 Aurelia und Maurice spielen gegeneinander. Aurelia gewinnt, wenn eine Zahl gewürfelt wird, die durch 3 oder durch 5 teilbar ist. 2 Pkte.
Mit jeder anderen gewürfelten Zahl gewinnt Maurice.
Begründe, warum diese Spielregel unfair ist.

b Der „20er-Spielwürfel“ wird zweimal hintereinander geworfen.

1 Berechne, mit welcher Wahrscheinlichkeit zuerst eine gerade und dann eine ungerade Zahl gewürfelt wird. 2 Pkte.

2 Berechne, mit welcher Wahrscheinlichkeit bei genau einem der beiden Würfe eine zweistellige Zahl gewürfelt wird. 3 Pkte.

Aufgabe P 6

Zeichne das Trapez ABCD. Verwende dazu folgende Konstruktionsanleitung: 5 Pkte.

(1) Zeichne die Strecke $\overline{AB}$ mit der Länge 6 cm.
Beschrifte die Endpunkte dieser Strecke.

(2) Trage den Winkel $\alpha = 70°$ an die Strecke $\overline{AB}$ im Punkt A an.

(3) Zeichne um den Punkt A einen Kreis mit dem Radius 4 cm.
Beschrifte den Schnittpunkt des Kreises mit dem freien Schenkel von α mit D.

(4) Trage den Winkel $\beta = 80°$ an die Strecke $\overline{AB}$ im Punkt B an.

(5) Zeichne die Parallele zur Strecke $\overline{AB}$ durch den Punkt D.
Beschrifte den Schnittpunkt dieser Parallelen mit dem Schenkel von β mit C.

Aufgabe P 7

a Die Zeichnung zeigt das Parallelogramm ABCD.

1 Gib die Größe der Winkel δ und ε an. 2 Pkte.

2 Der Flächeninhalt des Parallelogramms beträgt 84 cm^2. Berechne die Höhe h. 2 Pkte.

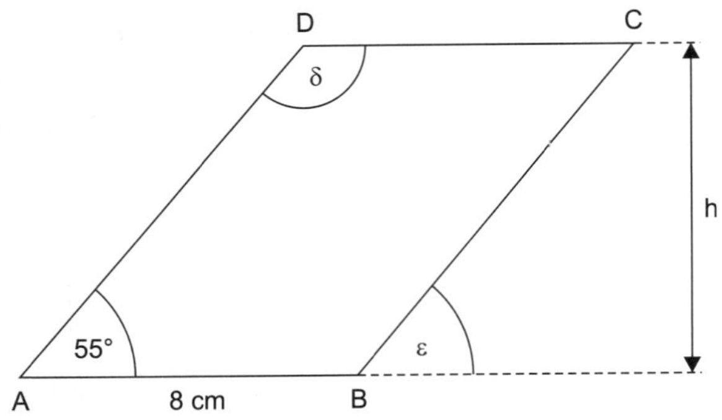

Zeichnung nicht maßstabsgerecht

b Welche Aussage gilt für alle Parallelogramme? 1 Pkt.
Schreibe den passenden Buchstaben auf dein Reinschriftpapier.

A Jedes Parallelogramm hat genau eine Symmetrieachse.

B In jedem Parallelogramm beträgt die Summe aller Innenwinkel 180°.

C In jedem Parallelogramm sind die gegenüberliegenden Winkel gleich groß.

D Jedes Parallelogramm hat zwei gleich lange Diagonalen.

Aufgabe P 8

Die Abbildung zeigt eine quadratische Pyramide.
Die Kantenlänge a beträgt 14 cm.
Die Höhen h_s der dreieckigen Seitenflächen sind jeweils 25 cm lang.

a Berechne die Länge der Diagonalen d in der Grundfläche. Runde auf Millimeter. 2 Pkte.

b Berechne den Flächeninhalt der dreieckigen Seitenfläche. 2 Pkte.

c Berechne das Volumen dieser Pyramide. 5 Pkte.

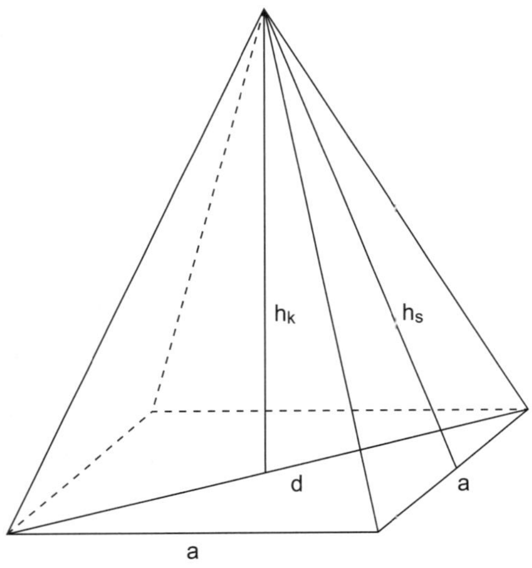

Zeichnung nicht maßstabsgerecht

Punkte

Aufgabe W 1

Die Seiten im abgebildeten gleichseitigen Dreieck ABC sind jeweils 7,3 cm lang.
Der Punkt M ist der Mittelpunkt des Umkreises dieses Dreiecks.

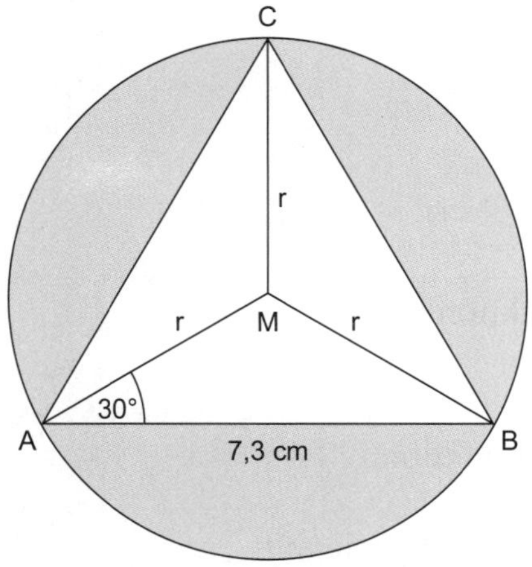

Zeichnung nicht maßstabsgerecht

a Zeige durch eine Rechnung, dass der Radius r des Umkreises gerundet 4,2 cm beträgt. 3 Pkte.

b Berechne den Flächeninhalt der grauen Fläche. 6 Pkte.
Verwende in deiner Rechnung für den Radius des Umkreises die Länge r = 4,2 cm.
Runde auf Quadratzentimeter.

c Die Strecke $\overline{AD}$ ist ein Durchmesser des Kreises. 3 Pkte.
Zeige, ohne zu messen, dass das Dreieck MBD gleichseitig ist.

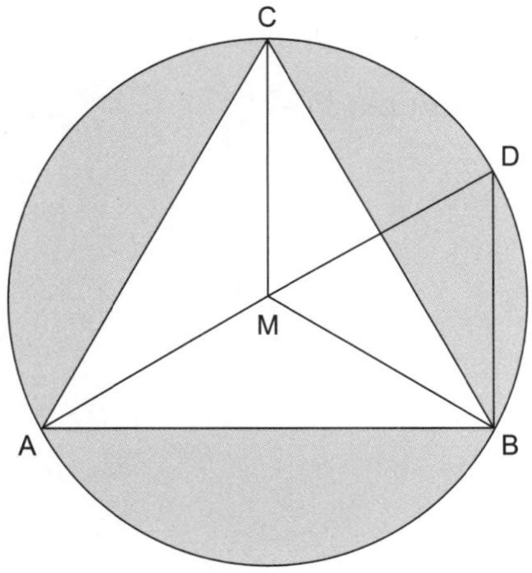

Zeichnung nicht maßstabsgerecht

Aufgabe W 2

Eine quadratische Funktion wird durch die Gleichung $y=(x+1)^2-9$ beschrieben. Der Graph dieser Funktion ist eine Parabel. Ein Ausschnitt dieser Parabel ist im Koordinatensystem eingezeichnet.

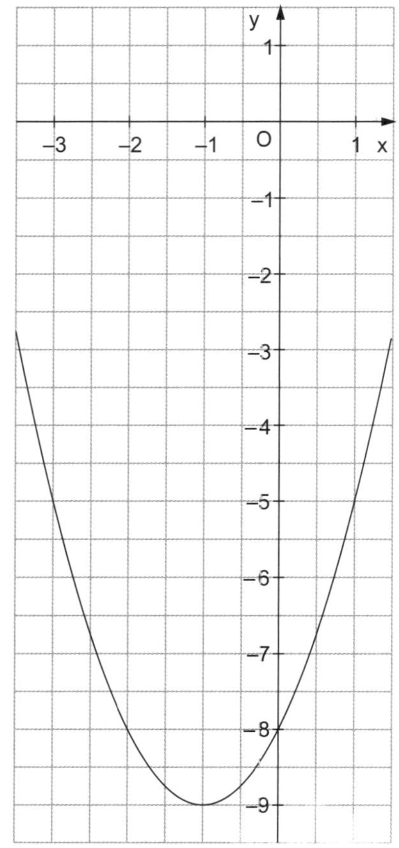

a Die Punkte P, Q und R liegen auf der Parabel.

1 Bestimme den y-Wert des Punktes P(1|_). 1 Pkt.

2 Die Punkte Q(5|27) und R(_|27) haben jeweils den gleichen y-Wert, aber verschiedene x-Werte. Bestimme den fehlenden x-Wert. 2 Pkte.

b Forme die Gleichung der Funktion in die Normalform $y=x^2+px+q$ um. 3 Pkte.

c Berechne die Nullstellen der Funktion. 4 Pkte.

d Die Parabel wird an einer Geraden gespiegelt. Die gespiegelte Parabel hat nun folgende Gleichung: $y=-(x+1)^2-5$ 2 Pkte.

Welche Beschreibung passt zur Lage der Spiegelgeraden? Schreibe den passenden Buchstaben auf dein Reinschriftpapier.

Die Spiegelgerade liegt …

A parallel zur y-Achse durch den Punkt P(–1|–5).

B parallel zur y-Achse durch den Punkt P(–1|–7).

C parallel zur x-Achse durch den Punkt P(–1|–5).

D parallel zur x-Achse durch den Punkt P(–1|–7).

Aufgabe W 3

Bakterien vermehren sich durch Zellteilung. Unter optimalen Bedingungen verläuft die Vermehrung exponentiell. Verschiedene Bakterienarten vermehren sich unterschiedlich schnell.

a Das Diagramm zeigt die Anzahl der Bakterien der Arten A und B in der ersten Stunde nach Beginn der Vermehrung.

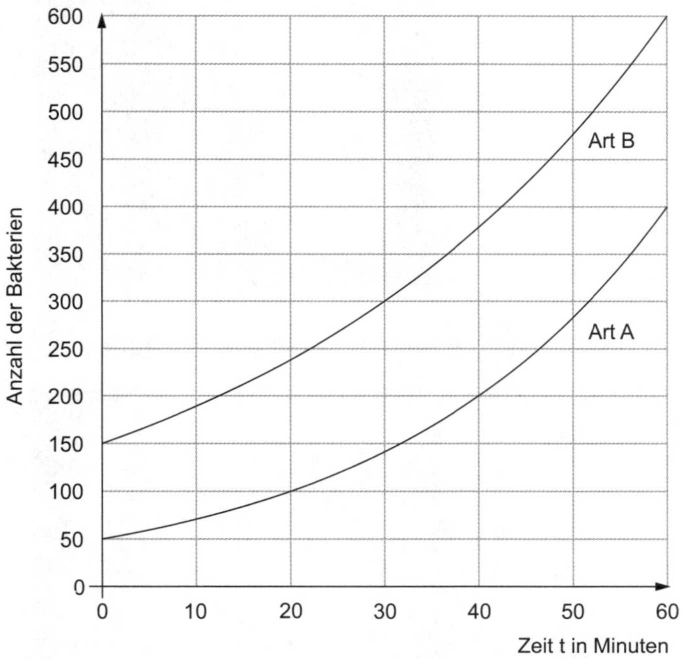

1 Wie viele Bakterien der Art A waren zu Beginn der Vermehrung vorhanden? 1 Pkt.

2 Nach wie viel Minuten hat sich die Anzahl der Bakterien der Art B vervierfacht? 2 Pkte.

3 Von welcher Art werden zwei Stunden nach Beginn der Vermehrung mehr Bakterien vorhanden sein? Begründe deine Antwort. 3 Pkte.

4 Mit welchem Term kann man die Anzahl der Bakterien der Art B nach t Minuten berechnen? 2 Pkte.
Schreibe den passenden Buchstaben auf dein Reinschriftpapier.

A	B	C	D
$150 \cdot 2^t$	$150 \cdot 2^{\frac{t}{20}}$	$150 \cdot 2^{\frac{t}{30}}$	$150 \cdot 2^{\frac{t}{60}}$

5 Schreibe einen Term auf, der das Wachstum der Bakterien der Art A nach t Minuten beschreibt. 2 Pkte.

b Die Vermehrung von Bakterien der Art C nach t Minuten kann man mit dem Term $n_0 \cdot 3^{\frac{t}{60}}$ berechnen.

1 Erkläre, wofür die Variable n_0 in diesem Term steht. 1 Pkt.

2 Bestimme mithilfe dieses Terms, nach wie viel Minuten sich eine Anzahl von Bakterien der Art C verdreifacht haben wird. 1 Pkt.

Aufgabe W 4

In einem Park steht das abgebildete Gebäude.
Zwischen den Holzbalken sind lichtdurchlässige Platten aus Acrylglas montiert.

Die unteren Abbildungen zeigen die Vorderansicht und die Seitenansicht des Gebäudes.

Vorderansicht

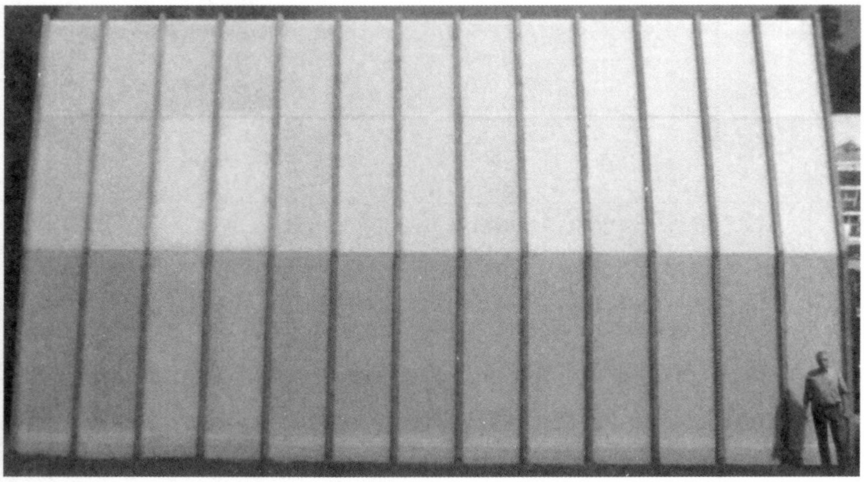

Seitenansicht

Schätze zur Lösung der folgenden Aufgaben in diesen Abbildungen geeignete Längen und rechne damit.

a Berechne den umbauten Raum (das Volumen) des Gebäudes. 8 Pkte.
Gib dein Ergebnis in Kubikmeter an. Runde auf ganze Kubikmeter.

b 1 m^2 des Acrylglases kostet 150 €. 4 Pkte.
Berechne die Gesamtkosten für das verwendete Acrylglas.

Aufgabe W 5

In einem Automaten befinden sich drei Scheiben. Jede Scheibe ist in jeweils gleich große Felder eingeteilt. In jedem Feld steht genau ein Buchstabe (siehe Abbildung). Für ein Spiel werden auf Knopfdruck alle Scheiben gleichzeitig und unabhängig zum Drehen gebracht. Die Scheiben kommen zufällig zum Stillstand. Die Pfeile zeigen dann auf jeweils einen dieser Buchstaben.

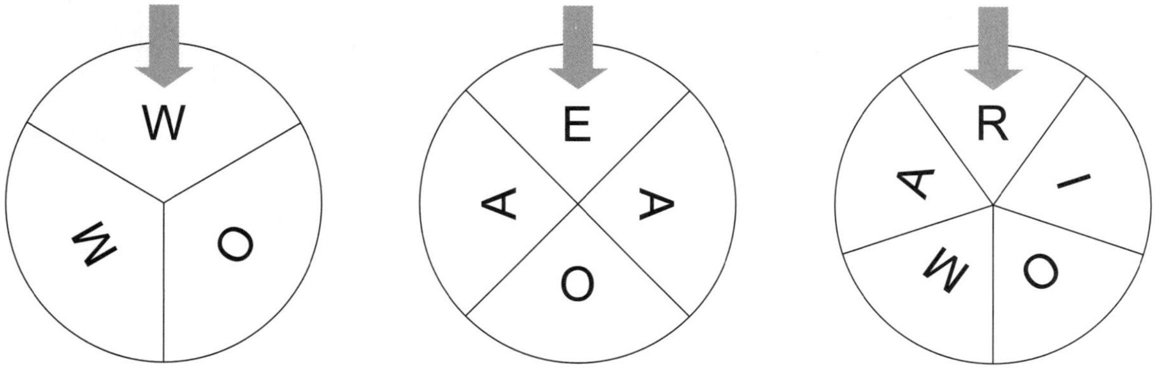

In der Abbildung werden die Buchstaben W, E und R angezeigt.
Sie bilden in dieser Anordnung das Wort „WER".

a Gib die Wahrscheinlichkeit dafür an, dass nach dem Drehen der Scheibe 1 der Buchstabe W angezeigt wird. [1 Pkt.]

b Berechne die Wahrscheinlichkeit dafür, dass bei einem Spiel bei allen drei Scheiben der Buchstabe O angezeigt wird. [2 Pkte.]

c Die Buchstaben der Scheiben können die Wörter „MAI" und „WER" anzeigen. [2 Pkte.]
Begründe, warum das Wort „MAI" mit doppelt so großer Wahrscheinlichkeit angezeigt wird wie das Wort „WER".

d Yasin behauptet: „Für das Ereignis ‚Bei einem Spiel wird genau einmal der Buchstabe A angezeigt' beträgt die Wahrscheinlichkeit genau 50 %." [4 Pkte.]
Hat Yasin recht? Begründe deine Antwort.

e Ergänze die drei Scheiben durch eine Scheibe 4 so, dass das Wort „MAMI" mit einer Wahrscheinlichkeit von 2,5 % angezeigt wird. [3 Pkte.]
Zeichne deinen Vorschlag für diese Scheibe auf dein Reinschriftpapier und beschrifte die Felder mit den entsprechenden Buchstaben.
Den Radius der Scheibe kannst du frei wählen.

Abschlussprüfung Mathematik Realschulen Hessen
Haupttermin 2020 – Pflichtaufgaben

Punkte

Aufgabe P 1

a Welche Zahl liegt auf der Zahlengeraden in der Mitte von –4 und 2? | 1 Pkt.

b Finde für jede Ungleichung jeweils eine passende Zahl für x bzw. y.
Notiere dein Ergebnis in der Form x = … und y = … auf dein Reinschriftpapier.

1 $3{,}14 < x < 3{,}15$ | 1 Pkt.

2 $\frac{1}{10} < y < \frac{2}{5}$ | 1 Pkt.

c **1** Wandle $1\frac{1}{4}$ Minuten in Sekunden um. | 1 Pkt.

2 Wandle $\frac{1}{8}\ \ell$ in Milliliter um. | 1 Pkt.

3 Wandle 65 g in Kilogramm um. | 1 Pkt.

Aufgabe P 2

Joghurt kann unterschiedlich viel Zucker enthalten.

a Ein Becher enthält 400 g Joghurt. Davon sind $\frac{7}{50}$ Zucker.
Wie viel Gramm Zucker enthält dieser Joghurt? | 1 Pkt.

b Ein anderer Becher enthält 500 g Joghurt.
100 g dieses Joghurts enthalten 15 g Zucker.
Ein Stück Würfelzucker wiegt 3 g.
Wie viele Stücke Würfelzucker entsprechen der Masse an Zucker in diesem Becher Joghurt?
Schreibe einen Antwortsatz. | 3 Pkte.

c Ein 250-g-Becher mit Kirsch-Joghurt enthält 30 g Zucker.
Ein 200-g-Becher mit Erdbeer-Joghurt enthält 28 g Zucker.
Berechne, welche der beiden Sorten einen geringeren Anteil an Zucker hat.
Schreibe einen Antwortsatz. | 3 Pkte.

Aufgabe P 3

Das Diagramm stellt die Anzahl der Autos mit Hybridantrieb (kurz: Hybridautos) in Deutschland für die Jahre 2015 bis 2017 dar.

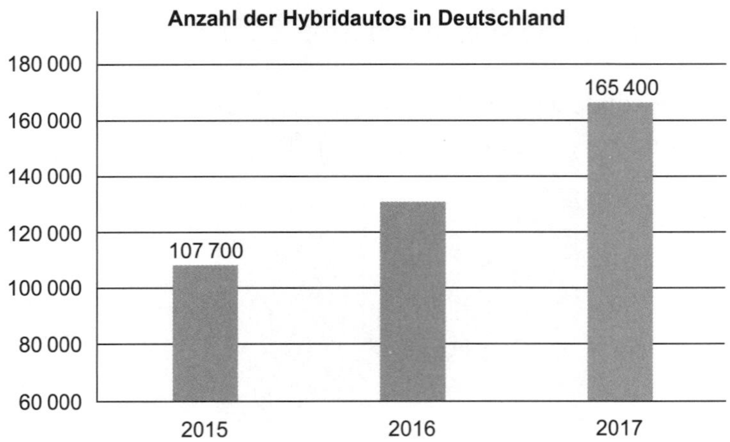

a Im Jahr 2016 erhöhte sich die Anzahl der Hybridautos um 21 % im Vergleich zum Jahr davor. 2 Pkte.
Berechne die Anzahl der Hybridautos im Jahr 2016.

b Berechne, um wie viel Prozent die Anzahl der Hybridautos von 2015 bis 2017 gestiegen ist. 3 Pkte.
Runde auf ganze Prozent.

Aufgabe P 4

In einem vollen Beutel befinden sich 15 Chips, die sich nur durch ihre Beschriftung unterscheiden. Fünf dieser Chips sind mit der Ziffer 1 beschriftet, die restlichen Chips mit der Ziffer 2.

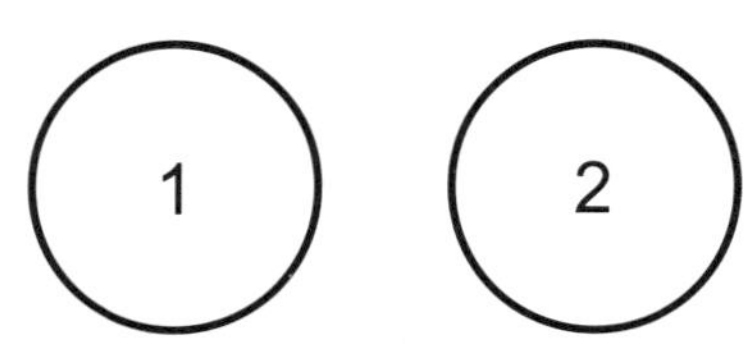

a Wie groß ist die Wahrscheinlichkeit, aus einem vollen Beutel zufällig einen Chip mit der Ziffer 2 zu ziehen? 1 Pkt.

b Es werden zufällig zwei Chips aus dem vollen Beutel gezogen und daraus eine zweistellige Zahl gebildet. Die Ziffer des zuerst gezogenen Chips ist der Zehner und die Ziffer des zweiten Chips ist der Einer.

1 Die zwei Chips werden nacheinander ohne Zurücklegen gezogen. 2 Pkte.
Berechne die Wahrscheinlichkeit, dass sich die Zahl 12 ergibt.

2 Die zwei Chips werden nun nacheinander mit Zurücklegen gezogen. 3 Pkte.
Ist die Wahrscheinlichkeit, dass sich die Zahl 12 ergibt, größer, kleiner oder gleich der Wahrscheinlichkeit des Ziehens ohne Zurücklegen?
Schreibe eine Antwort auf und begründe sie.

Aufgabe P 5

a Im abgebildeten Koordinatensystem sind die Graphen zweier linearer Funktionen eingezeichnet. Die Gerade f ist der Graph der linearen Funktion $y=0{,}5x+3$.

1 Berechne die Nullstelle der linearen Funktion $y=0{,}5x+3$. 2 Pkte.

2 Liegt der Punkt $P(-12{,}4\,|\,-2{,}8)$ auf der Geraden f? 2 Pkte.
Schreibe eine Antwort und begründe sie durch eine Rechnung.

3 Die Geraden f und g schneiden sich. 1 Pkt.
Schreibe die Koordinaten ihres Schnittpunktes auf.

4 Schreibe die Gleichung auf, die zur Geraden g gehört. 2 Pkte.

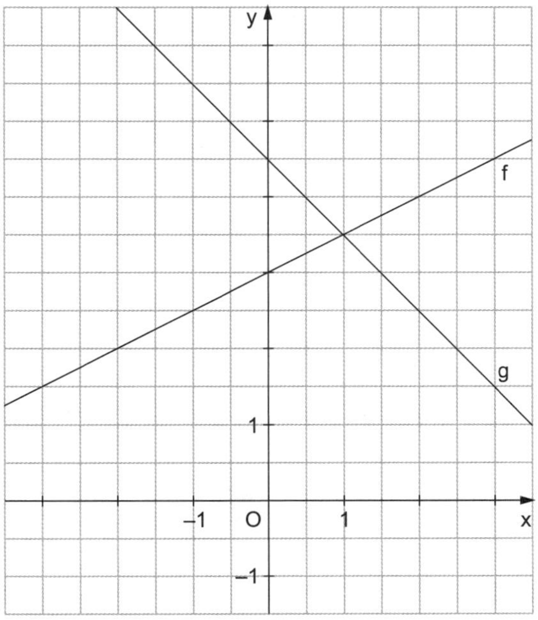

b Beschreibe, wie sich der Verlauf der Geraden einer beliebigen linearen Funktion $y=mx+b$ mit $m\neq 0$ verhält, wenn man die Gerade an der x-Achse spiegelt. 2 Pkte.

Aufgabe P 6

a Löse das nebenstehende Gleichungssystem. Notiere deine Lösungsschritte. 4 Pkte.

$$\left|\begin{aligned} 2x-4y &= -32 \\ x &= y-4 \end{aligned}\right|$$

b Bäcker Schmidt verkauft in seiner Bäckerei drei Apfeltaschen und sechs Brezeln für 10,80 €. 2 Pkte.
Kauft man dort zwei Apfeltaschen und drei Brezeln, muss man 5,95 € bezahlen.

Schreibe zu diesen Angaben ein passendes Gleichungssystem auf dein Reinschriftpapier.
Verwende dazu die folgenden Variablen:
Variable a: Preis für eine Apfeltasche
Variable b: Preis für eine Brezel

Du brauchst das Gleichungssystem nicht zu lösen.

c Gib eine Gleichung mit den Variablen x und y an, die als eine Lösung $x=10$ und $y=15$ besitzt. 1 Pkt.

Aufgabe P 7

Die Abbildung zeigt das gleichschenklige Dreieck ABC mit seinem Umkreis.

Die Strecke $\overline{AB}$ verläuft durch den Mittelpunkt M und beträgt 32 cm.

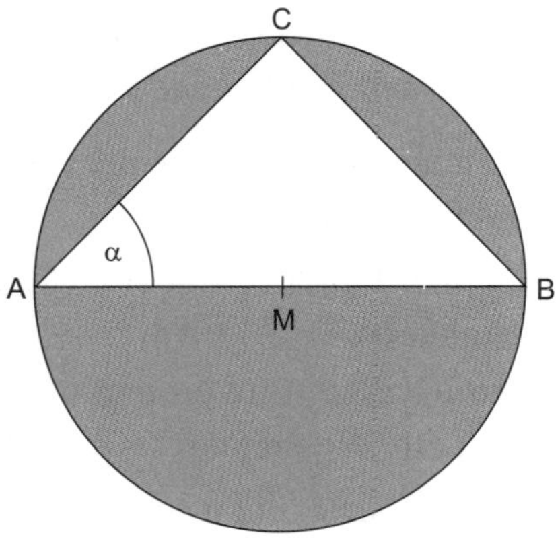

a Berechne den Flächeninhalt der grau gefärbten Fläche. Runde auf ganze Quadratzentimeter. 4 Pkte.

b Berechne die Länge der Strecke $\overline{AC}$. Runde auf Millimeter. 2 Pkte.

c Begründe, ohne zu messen, warum der Winkel $\alpha = 45°$ sein muss. 2 Pkte.

Aufgabe P 8

Die Abbildung zeigt sechs gleich große Würfel aus Kupfer.
Jede Kante dieser Würfel ist 1,5 cm lang.

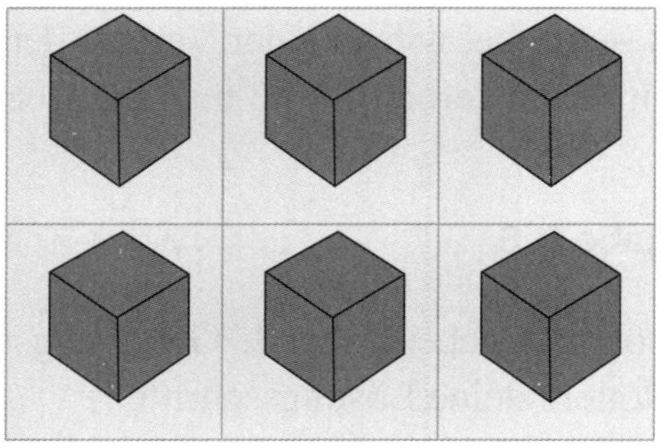

a Ein Kubikzentimeter Kupfer wiegt 8,96 g.
Berechne die Masse eines Würfels. 4 Pkte.

b Alle sechs Würfel werden eingeschmolzen.
Aus dem gesamten eingeschmolzenen Kupfer wird eine Kugel gegossen.
Berechne den Radius dieser Kugel. Runde auf Millimeter. 4 Pkte.

Punkte

Aufgabe W 1

a Die Zeichnung zeigt ein gleichschenkliges Dreieck ABC mit der Basis $\overline{AB}$.

1 Wie groß ist der Winkel γ? — 1 Pkt.

2 Berechne die Höhe h. — 3 Pkte.
Runde auf Millimeter.

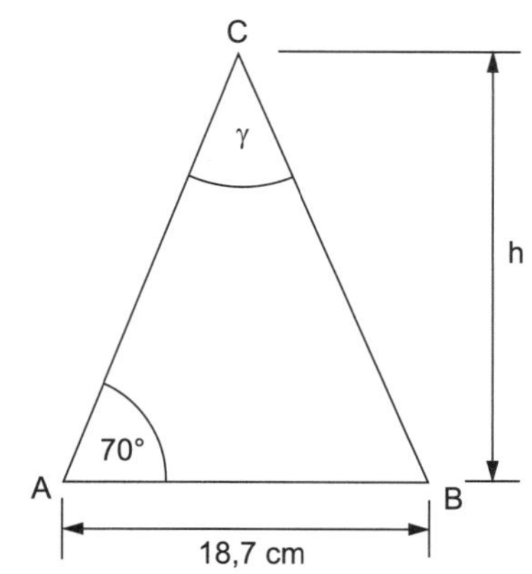

Zeichnung nicht maßstabsgerecht

b Berechne die Länge der Strecke x. — 8 Pkte.
Runde auf Millimeter.

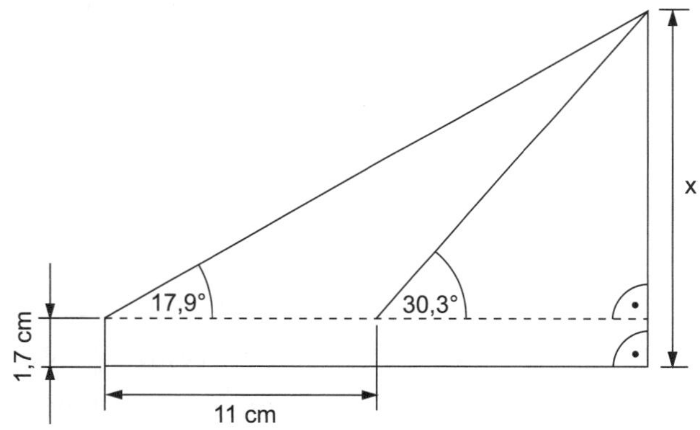

Zeichnung nicht maßstabsgerecht

Aufgabe W 2

Zur Herstellung einer rechteckigen Tischplatte werden zwei verschiedene Holzsorten verwendet. Die innere rechteckige Platte (graue Fläche) besteht aus Nussholz. Sie hat eine Umrandung (weiße Fläche) aus Ahornholz (siehe Zeichnung).

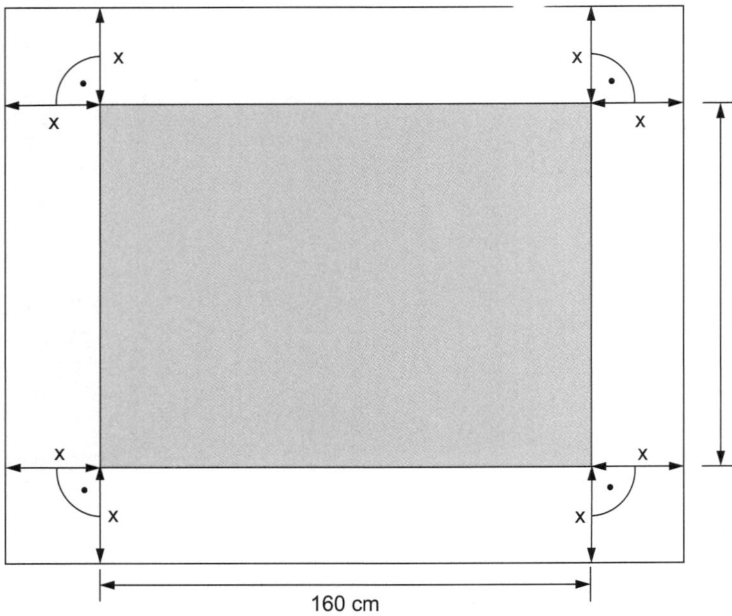

Zeichnung nicht maßstabsgerecht

a Der Flächeninhalt A der Umrandung aus Ahornholz kann durch die Gleichung

$A = 4 \cdot x^2 + 560 \cdot x$

berechnet werden (x in cm).

1 Berechne den Flächeninhalt A für $x = 12$. Gib dein Ergebnis in Quadratzentimeter an. 2 Pkte.

2 Beschreibe anhand der Zeichnung, welche Teilflächen durch den Term $4 \cdot x^2$ berechnet werden. 1 Pkt.

3 Zeige durch eine Rechnung, dass für $x = 28{,}5$ die Fläche aus Nussholz etwa genauso groß ist wie die Fläche aus Ahornholz. 2 Pkte.

b Der Flächeninhalt der gesamten Tischplatte $A_{Gesamtfläche}$ kann durch die quadratische Gleichung 5 Pkte.

$A_{Gesamtfläche} = 4 \cdot x^2 + 560 \cdot x + 19\,200$

berechnet werden (x in cm).
Berechne die Länge x für einen Tisch mit einer Gesamtfläche von $A_{Gesamtfläche} = 32\,000$ (cm^2). Schreibe einen Antwortsatz.

c Bei einem zweiten Tisch soll die innere Fläche aus Nussholz quadratisch mit einer Seitenlänge von 160 cm sein. Verändere die Gleichung $A = 4 \cdot x^2 + 560 \cdot x$ so, dass man den Flächeninhalt der Umrandung aus Ahornholz für diesen Tisch berechnen kann. 2 Pkte.

Aufgabe W 3

Eine Software erfasst in einer Statistik die Seitenaufrufe einer Homepage.

a Die Tabelle zeigt, wie oft die Homepage im Zeitraum von Montag bis Samstag aufgerufen wurde.

Wochentag	Mo	Di	Mi	Do	Fr	Sa
Anzahl der Seitenaufrufe	152	102	207	186	221	164

1 Berechne die Spannweite der Anzahl der Seitenaufrufe in diesem Zeitraum. 1 Pkt.

2 Erstelle für die Anzahl der Seitenaufrufe in diesem Zeitraum eine Rangliste und bestimme den Zentralwert $\tilde{x}$ (Median). 3 Pkte.

3 Berechne, wie oft die Seite im Durchschnitt $\bar{x}$ (arithmetisches Mittel) in diesem Zeitraum aufgerufen wurde. 2 Pkte.

4 Berechne, wie viele Seitenaufrufe es am Sonntag geben müsste, damit sich für die sieben Tage dieser Woche ein Durchschnitt von 200 Seitenaufrufen ergibt. 2 Pkte.

b In einem Boxplot wird die Anzahl der täglichen Seitenaufrufe dieser Homepage im gesamten letzten Jahr dargestellt.

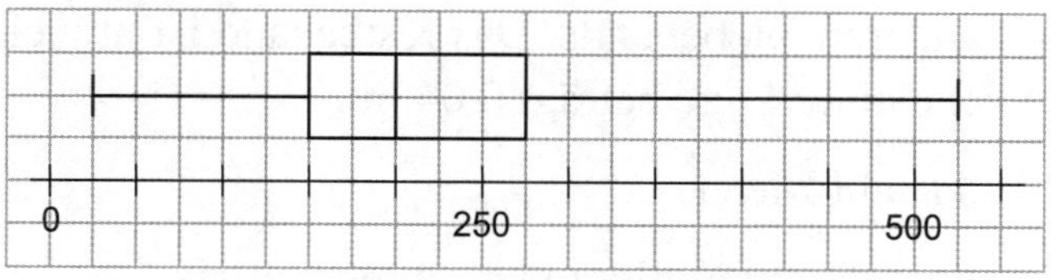

1 Entnimm dem Boxplot das untere und das obere Quartil und notiere diese beiden Werte auf deinem Reinschriftpapier. 2 Pkte.

2 Tom behauptet: „An der Hälfte der Tage des Jahres wurde die Homepage häufiger als 250-mal aufgerufen.“
Hat Tom recht? Begründe deine Antwort mithilfe des Medians. 2 Pkte.

Aufgabe W 4

a Ein 66 m langes und 5 cm breites Klebeband ist auf einer Papprolle aufgewickelt (siehe Abbildung). Mit diesem Klebeband werden Pakete mit den gleichen Maßen wie in der Zeichnung verschlossen.

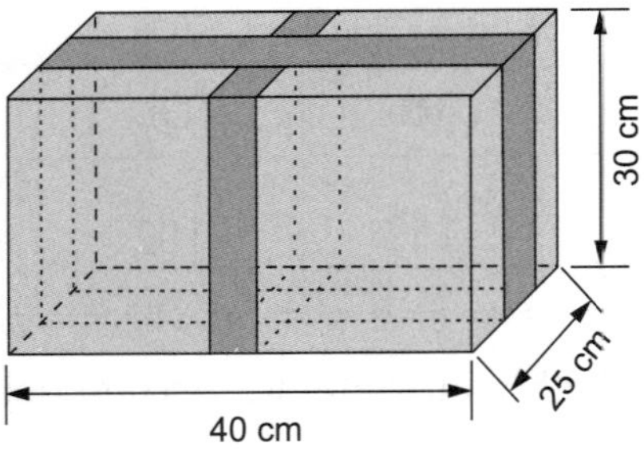

Zeichnung nicht maßstabsgerecht

1 Berechne, wie viele dieser Pakete man höchstens mit einer Rolle Klebeband verschließen kann. Notiere einen Antwortsatz. 4 Pkte.

2 Beim Aufbringen des Klebebands wird immer eine bestimmte Fläche beklebt. 3 Pkte.
Reicht eine volle Rolle dieses Klebebands aus, um eine 4 m^2 große Fläche vollständig zu bekleben?
Begründe deine Antwort durch eine Rechnung.

b Die untere Abbildung zeigt die Rolle eines anderen Klebebands. Das Klebeband ist in vielen Lagen um eine Papprolle gewickelt. Die Dicke einer Lage beträgt 0,04 mm. 5 Pkte.

Berechne die Länge dieses Klebebands. Runde auf Meter.

Tipp: Du kannst für deine Berechnung den ungefähren mittleren Durchmesser des Klebebands verwenden.

Aufgabe W 5

In einer Lostrommel befinden sich 10 gleichartige Kugeln. Jede Kugel ist mit einem der Buchstaben A, M, O oder T beschriftet.

Betätigt man einen Starter, so setzt sich die Lostrommel in Bewegung.

Nachdem die Lostrommel zum Stehen kommt, fällt zufällig eine Kugel heraus.

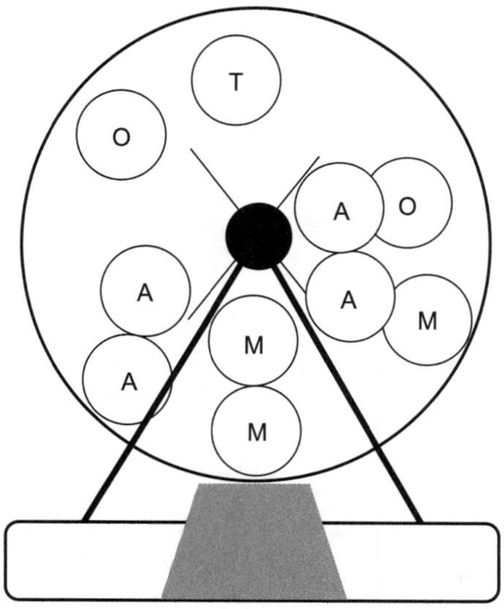

a Tom betätigt den Starter und setzt die volle Lostrommel in Bewegung. Berechne die Wahrscheinlichkeit dafür, dass eine Kugel mit dem Buchstaben T herausfällt. 1 Pkt.

b Tom betätigt den Starter und setzt die volle Lostrommel in Bewegung. Berechne die Wahrscheinlichkeit dafür, dass eine Kugel, auf der nicht der Buchstabe A steht, herausfällt. 1 Pkt.

c Tom lässt die volle Lostrommel drehen. Die herausgefallene Kugel legt er nicht wieder zurück. Er lässt die Lostrommel noch einmal drehen. Berechne die Wahrscheinlichkeit, dass auf beiden Kugeln der gleiche Buchstabe steht. 4 Pkte.

d Tom lässt aus der vollen Lostrommel nacheinander drei Kugeln ohne Zurücklegen herausfallen. Er hofft, damit seinen Namen legen zu können.

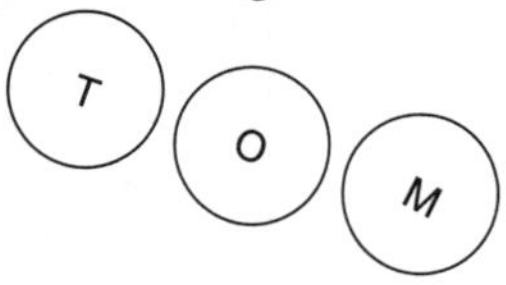

1 Berechne, mit welcher Wahrscheinlichkeit die passenden Kugeln in genau der richtigen Reihenfolge herausfallen. 3 Pkte.

2 Begründe, warum die Wahrscheinlichkeit, dass die passenden Kugeln herausfallen, größer ist, wenn die Reihenfolge beliebig ist. 1 Pkt.

e Es sind vier Kugeln mit den unterschiedlichen Buchstaben T, M, A und O herausgefallen. Daraus kann man zum Beispiel die abgebildeten drei Kombinationen legen. 2 Pkte.

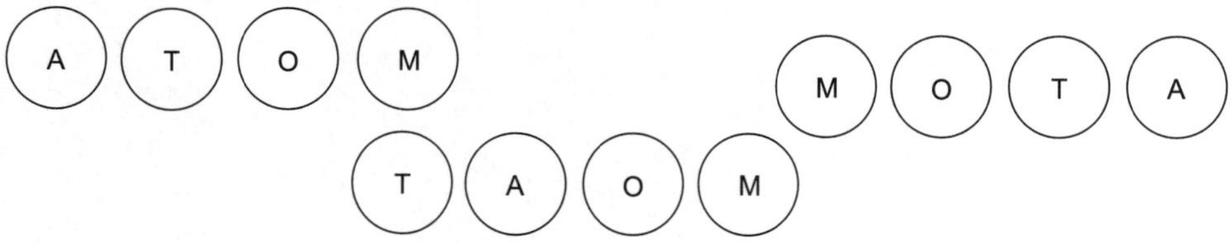

Bestimme die Anzahl aller möglichen Kombinationen aus diesen vier Buchstaben.

Abschlussprüfung Mathematik Realschulen Hessen
Haupttermin 2021 – Pflichtaufgaben

Punkte

Aufgabe P 1

Berechne.

a $3{,}50\,€ + 78\text{ ct}$ — 1 Pkt.

b $1\frac{1}{4}\text{ kg} - 750\text{ g}$ — 1 Pkt.

c $\frac{3}{4}\text{ h} + 30\text{ min}$ — 1 Pkt.

d $\frac{3}{5}$ von 17 km — 1 Pkt.

Aufgabe P 2

a Löse die Gleichung. $6 \cdot (x+5) = 2x + 18$ — 4 Pkte.

b Bestimme x. $\sqrt{x} + 0{,}4 = 2{,}4$ — 1 Pkt.

c Löse das nebenstehende Gleichungssystem. Notiere deine Lösungsschritte. — 4 Pkte.

$$\left| \begin{array}{l} 2x - 8y = -89 \\ 4x + 8y = 110 \end{array} \right|$$

d Schreibe zur Gleichung $y = 2x + 1$ eine zweite Gleichung auf, sodass ein lineares Gleichungssystem entsteht, das unendlich viele Lösungen besitzt. — 2 Pkte.

Aufgabe P 3

In der Klasse 10a sind 25 Jugendliche.

a 56 % aller Jugendlichen der Klasse 10a sind Mädchen.

1 Berechne, wie viele Mädchen es in dieser Klasse gibt. — 2 Pkte.

2 In der Klasse 10b sind nur 28 % aller Jugendlichen Mädchen. — 1 Pkt.
Lara behauptet: „In der Klasse 10a gibt es doppelt so viele Mädchen wie in der Klasse 10b.“
Welche Voraussetzung muss erfüllt sein, damit ihre Behauptung stimmt?

b In der Klasse 10a sind 5 % aller Schülerinnen und Schüler der gesamten Schule. Berechne, wie viele Schülerinnen und Schüler die Schule hat. — 2 Pkte.

c Die Jugendlichen in der Klasse 10a wurden nach der Anzahl ihrer Geschwister befragt. Die Tabelle stellt das Ergebnis dieser Befragung dar.

Anzahl der Geschwister	null	eins	zwei	drei und mehr
Anzahl der Schüler und Schülerinnen	7	8	4	6

1 Berechne, wie viel Prozent der Jugendlichen der Klasse 10a genau zwei Geschwister haben. 2 Pkte.

2 Das Ergebnis der Befragung wurde in einem Kreisdiagramm dargestellt. 2 Pkte.
Für das Feld (Kreissektor) „null Geschwister" wurde ein 7° großer Winkel gewählt.
Ist diese Winkelgröße korrekt? Begründe deine Antwort.

Aufgabe P 4

Die folgende Tabelle zeigt die Urliste einer Datenmenge.

40	39	35	37	41	41	38	47	37	37

a Gib den Modalwert an. 1 Pkt.

b Erstelle eine Rangliste und berechne den Zentralwert (Median). 3 Pkte.

c Berechne das arithmetische Mittel (Durchschnitt). 2 Pkte.

Aufgabe P 5

Im Koordinatensystem ist die Gerade f eingezeichnet.
Die Gerade f ist der Graph der linearen Funktion
$y = -0{,}5x + 2{,}5$.

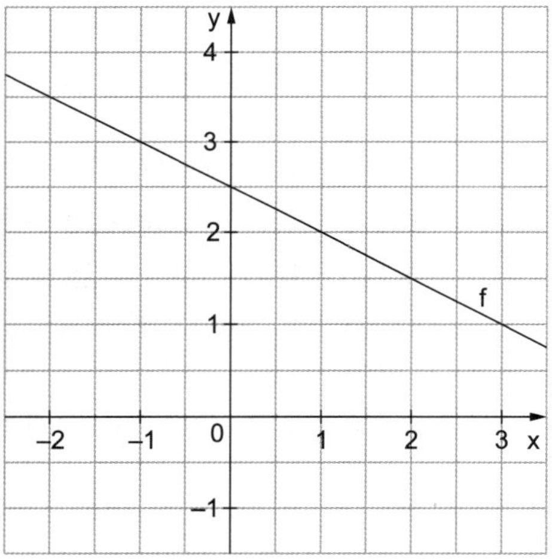

a Berechne die Nullstelle der linearen Funktion $y = -0{,}5x + 2{,}5$. 2 Pkte.

b Liegt der Punkt $Q(79\,|\,-36)$ auf der Geraden f? Begründe deine Antwort durch eine Rechnung. 2 Pkte.

c Die Gerade g ist der Graph der linearen Funktion $y = 5x - 2{,}5$. 2 Pkte.
Schneiden sich die Geraden f und g?
Begründe deine Aussage, ohne zu rechnen.

Aufgabe P 6

Zeichne das Viereck ABCD. 5 Pkte.
Verwende dazu folgende Konstruktionsbeschreibung:

(1) Zeichne die Strecke $\overline{AB}$ mit der Länge $a=7{,}5$ cm.
Beschrifte die Endpunkte dieser Strecke.

(2) Trage den Winkel $\alpha=80°$ an die Strecke $\overline{AB}$ im Punkt A an.

(3) Zeichne auf dem Schenkel die Strecke $\overline{AD}$ mit der Länge $d=5$ cm.
Beschrifte den Endpunkt dieser Strecke mit D.

(4) Trage den Winkel $\beta=100°$ an die Strecke $\overline{AB}$ im Punkt B an.

(5) Zeichne durch den Punkt D eine Parallele zur Strecke $\overline{AB}$.
Diese Parallele schneidet den freien Schenkel des Winkels β.
Beschrifte diesen Schnittpunkt mit C.

Aufgabe P 7

Die nebenstehende Zeichnung zeigt ein Trapez.

a Berechne die Größe des Winkels α. 1 Pkt.

b Berechne den Flächeninhalt des Trapezes. 2 Pkte.

c Berechne den Umfang des Trapezes. 4 Pkte.

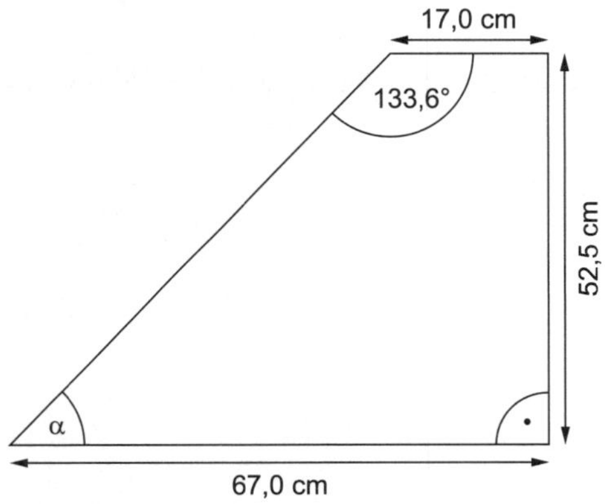

Zeichnung nicht maßstabsgerecht

Aufgabe P 8

Das abgebildete Werkstück entstand aus einem Quader, aus dem ein Dreiecksprisma herausgeschnitten wurde.

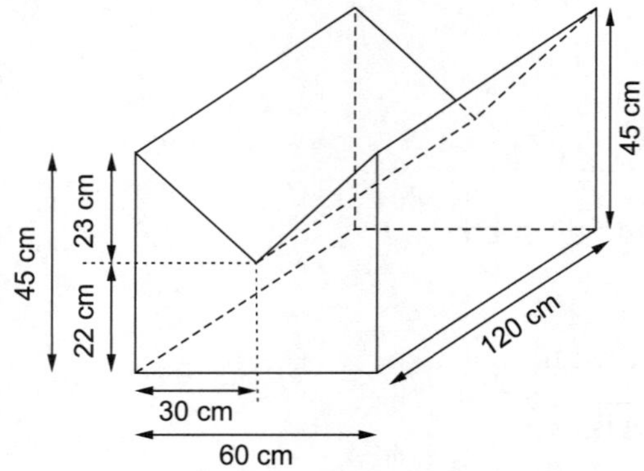

Zeichnung nicht maßstabsgerecht

a Gib die Anzahl der Flächen f, der Ecken e und der Kanten k des Prismas an. Schreibe auf dein Reinschriftpapier in der Form: 3 Pkte.

f= e= k=

b Berechne das Volumen des Werkstücks. 5 Pkte.

Punkte

Aufgabe W 1

Die Zeichnung zeigt das Dreieck ABC.
Auf der Strecke $\overline{BC}$ befinden sich die Punkte E und M.
Der Punkt M ist der Mittelpunkt der Strecke $\overline{BE}$.

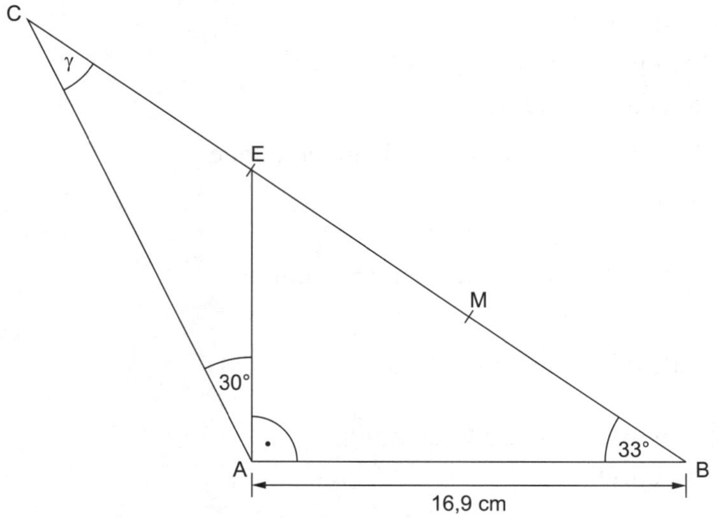

Zeichnung nicht maßstabsgerecht und nicht winkeltreu

a Berechne die Länge der Strecke $\overline{BM}$. | 3 Pkte. |
Gib dein Ergebnis in Zentimeter an. Runde auf eine Stelle nach dem Komma.

b Berechne die Länge der Strecke $\overline{CE}$. | 6 Pkte. |
Gib dein Ergebnis in Zentimeter an. Runde auf eine Stelle nach dem Komma.

c Auf der Strecke $\overline{BC}$ soll der Punkt E so verschoben werden, dass das Dreieck ABE gleichschenklig ist.

1 Wie groß ist in diesem Dreieck der Winkel im Punkt A, wenn das Dreieck die Basis $\overline{AB}$ besitzt? | 1 Pkt. |

2 Wie groß ist in diesem Dreieck der Winkel im Punkt A, wenn das Dreieck die Basis $\overline{AE}$ besitzt? | 2 Pkte. |

Aufgabe W 2

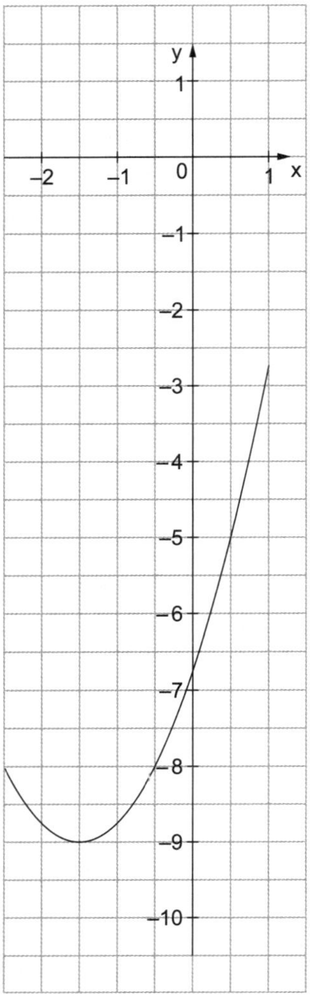

a Im Koordinatensystem ist der Graph einer quadratischen Funktion eingezeichnet.
Die Parabel wird durch die Gleichung $y = x^2 + 3x - 6,75$ beschrieben.

1 Lies aus der Zeichnung die Koordinaten des Scheitelpunktes ab und schreibe die Gleichung der Parabel in der Scheitelpunktform auf. 2 Pkte.

2 Der Punkt $P(-7\,|\,y)$ liegt auf der Parabel.
Berechne den fehlenden y-Wert. 1 Pkt.

3 Die Punkte $A(0,5\,|\,-5)$ und $B(x\,|\,-5)$ sind verschiedene Punkte dieser Parabel. 1 Pkt.
Bestimme den fehlenden x-Wert.
Du kannst die Symmetrieeigenschaften der Parabel nutzen.

4 Berechne die Nullstellen dieser Funktion. 4 Pkte.

b Eine andere Parabel wird durch die Gleichung $y = -(x+2)^2 - 3$ beschrieben.

1 Paul meint: „Ich erkenne an der Gleichung, dass die Funktion keine Nullstellen hat.“ 2 Pkte.
Erkläre, woran Paul das erkennen kann.

2 Diese Parabel wird an der x-Achse gespiegelt. 2 Pkte.
Schreibe die Gleichung der gespiegelten Parabel auf.

Aufgabe W 3

Bakterienkulturen vermehren sich unterschiedlich stark.
Oft kann man die Vermehrung der Bakterien innerhalb der ersten Stunden mithilfe einer Exponentialfunktion modellieren.

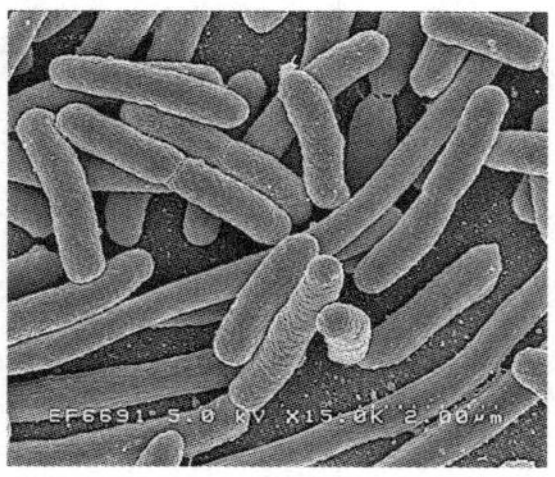

a In der Tabelle wird das Wachstum der Anzahl der Bakterien in den ersten drei Stunden nach Beginn der Beobachtung beschrieben.

x (Zeit in Stunden)	0	1	2	3
y (Anzahl der Bakterien)	200	300	450	675

1 Um wie viel Prozent wächst stündlich die Anzahl der Bakterien? 2 Pkte.

2 Bestimme die Anzahl der Bakterien nach 5 Stunden. 2 Pkte.

3 Notiere einen Term, mit dem man das Wachstum der Anzahl der Bakterien für jede Stunde berechnen kann. 2 Pkte.

4 Nach wie vielen ganzen Stunden sind erstmalig mehr als 10 000 Bakterien vorhanden? Notiere einen Antwortsatz. 2 Pkte.

5 Welcher Graph beschreibt das Wachstum der Anzahl der Bakterien am besten? Schreibe den entsprechenden Buchstaben auf dein Reinschriftpapier. 1 Pkt.

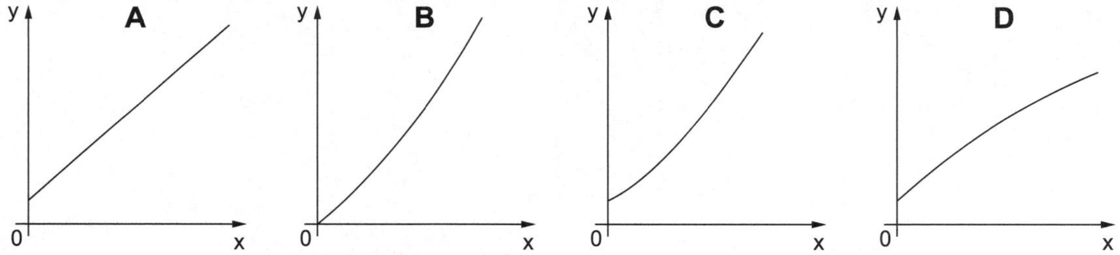

b Bei einer anderen Bakterienkultur werden um 9:00 Uhr 60 Bakterien gezählt. Eine Stunde später sind es 120 Bakterien.
Mit diesen Angaben allein kann nicht entschieden werden, ob das Wachstum der Bakterien linear oder exponentiell ist.

1 Bestimme dazu die Anzahl der Bakterien bei linearem Wachstum um 12:00 Uhr des gleichen Tages. 1 Pkt.

2 Bestimme dazu die Anzahl der Bakterien bei exponentiellem Wachstum um 12:00 Uhr des gleichen Tages. 2 Pkte.

Aufgabe W 4

Ein Golfball hat einen Durchmesser von 43 mm.

a Die Oberfläche eines Golfballs ist mit kreisrunden Dimples (Dellen) versehen. | 5 Pkte. |
Sie bewirken, dass der Ball weiter und genauer geschlagen werden kann.
In einem Prospekt wird behauptet, dass der dort abgebildete Golfball 380 Dimples hat.
Jedes Dimple hat einen Durchmesser von 4,5 mm.

Überprüfe mit einer Rechnung, ob die Behauptung stimmt, dass 380 Dimples auf die Oberfläche des Golfballs passen. Schreibe einen Antwortsatz.

b Im Golfpark Rankweil wurde eine massive Marmorkugel in der Form eines überdimensionalen Golfballs aufgestellt.

1 Ein Kubikzentimeter dieser Marmorkugel wiegt 2,8 Gramm. | 4 Pkte. |
Berechne, wie schwer die Marmorkugel ist.
Schätze für deine Berechnung eine geeignete Größe.
Gib dein Ergebnis in ganzen Kilogramm an.

2 Stell dir vor, ein 1,80 m großer Golfspieler würde im gleichen Maßstab vergrößert wie dieser Golfball. | 3 Pkte. |
Wie groß wäre der Golfspieler dann ungefähr?
Begründe deine Antwort.

Bildnachweis: © Seksak Kerdkanno. 123rf.com (kleiner Golfball); © Golfpark Rankweil/Arno Gasser (Marmorkugel)

Aufgabe W 5

a Zur Neueröffnung des Eiscafés „San Remo“ wird ein Glücksrad aufgestellt.
Einmal Drehen kostet 1,00 €. Bleibt ein Feld mit einer „Eistüte“ am Pfeil stehen, gewinnt man einen Eisgutschein im Wert von 2,50 €.
Bei allen anderen Feldern gewinnt man nichts.

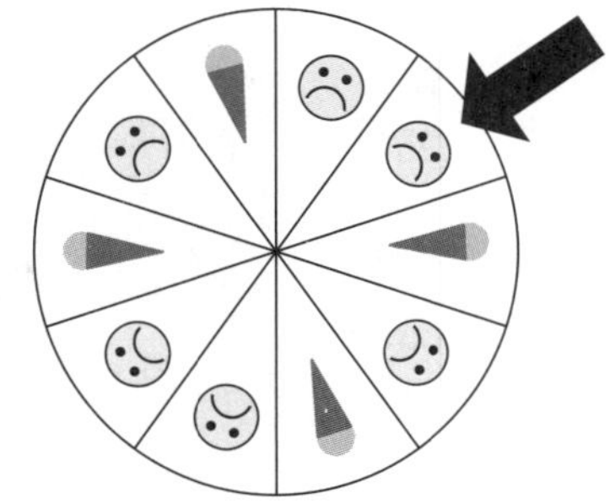

1 Gib an, mit welcher Wahrscheinlichkeit man bei einmaligem Drehen einen Eisgutschein gewinnt. 1 Pkt.

2 Antonia dreht dreimal. Berechne, mit welcher Wahrscheinlichkeit sie dabei keinen Eisgutschein gewinnt. 2 Pkte.

3 Gino dreht zweimal. Berechne, mit welcher Wahrscheinlichkeit er mindestens einen Eisgutschein gewinnt. 3 Pkte.

b Für das Schulfest leiht sich eine Klasse das Glücksrad für den Eisstand aus.
Die Klasse ersetzt zwei Felder ohne Gewinn durch ein Feld mit „Eisbecher“ und ein Feld mit „noch 1 ×“ (siehe Abbildung). Zusätzlich ändert sie den Gewinnplan.

Gewinnplan bei einem Einsatz von 1,00 €:

	Eisgutschein im Wert von 3,00 €
	Eisgutschein im Wert von 1,50 €
	kein Gewinn
noch 1 ×	Es darf noch einmal gedreht werden.

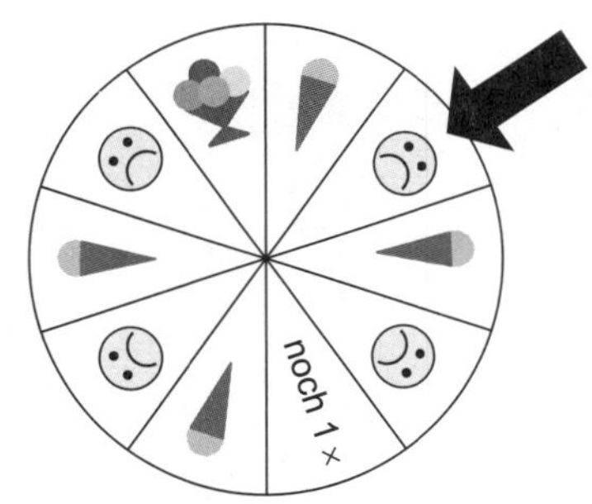

1 Alex behauptet: „Ich habe mehrmals am Glücksrad gedreht. Dabei habe ich Eisgutscheine im Wert des Vierfachen meines Einsatzes gewonnen.“
Ist das möglich? Begründe. 2 Pkte.

2 Lea zahlt 1,00 €. Notiere das Ereignis, bei dem sie mit einer Wahrscheinlichkeit von $P = \frac{1}{10} \cdot \frac{4}{10} = \frac{1}{25}$ etwas gewinnt. 2 Pkte.

3 Herr Lorum behauptet: „Die Wahrscheinlichkeit, einen beliebigen Eisgutschein zu gewinnen, beträgt beim Einsatz von 1,00 € genau 50 %.“
Frau Diener widerspricht: „Nein, sie ist sogar größer als 50 %.“
Erkläre, warum Frau Diener recht hat. 2 Pkte.

Mathematische Formeln

n-Eck

Dreieck

$A = \frac{g \cdot h}{2}$

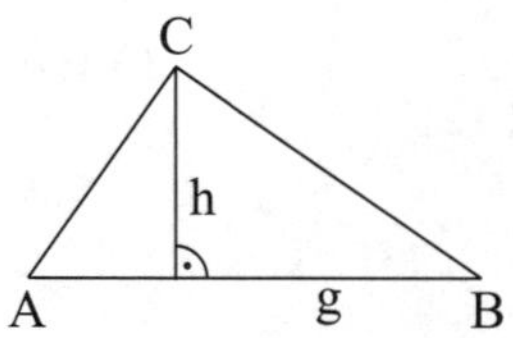

Trapez

$A = \frac{a + c}{2} \cdot h$

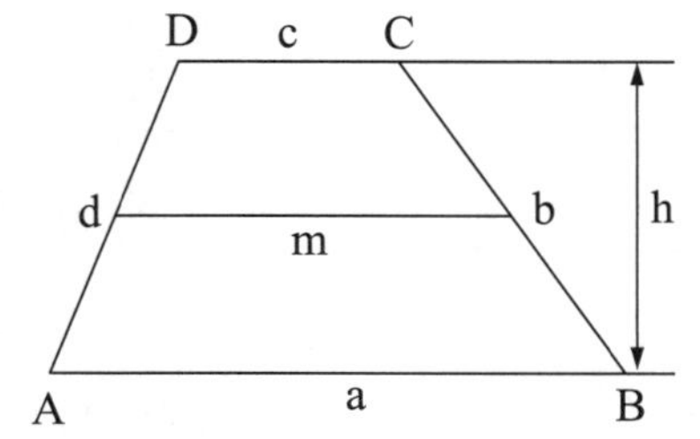

Parallelogramm

$A = g \cdot h$

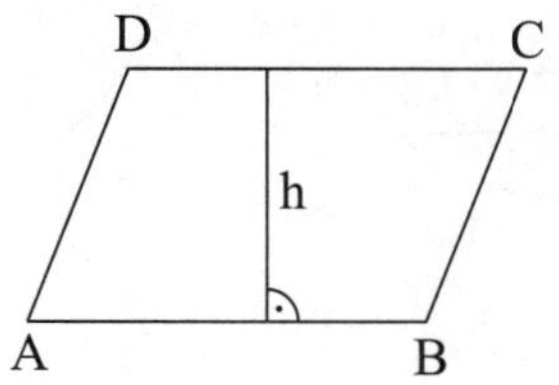

Drachen

$A = \frac{e \cdot f}{2}$

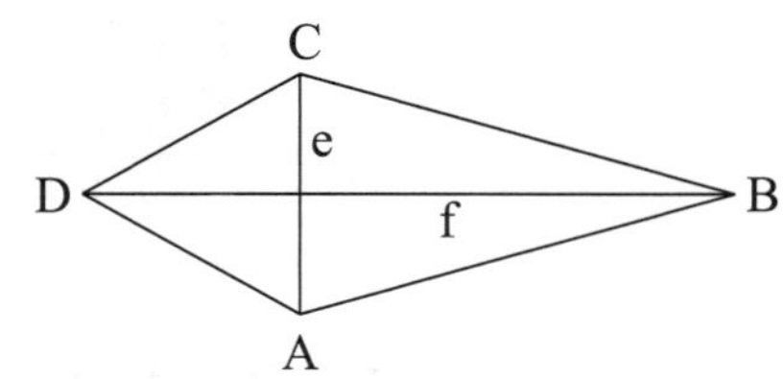

Kreis

Kreisfläche

$A = \pi \cdot r^2$

Kreisumfang

$U = 2 \cdot \pi \cdot r$ oder

$U = d \cdot \pi$

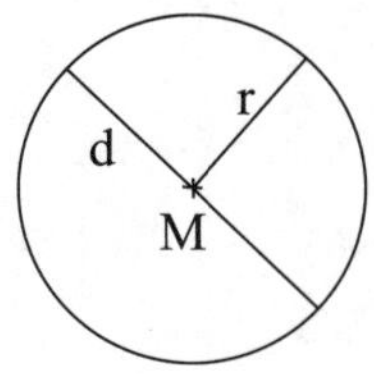

Kreissektor

$A = \frac{\pi \cdot r^2 \cdot \alpha}{360°}$

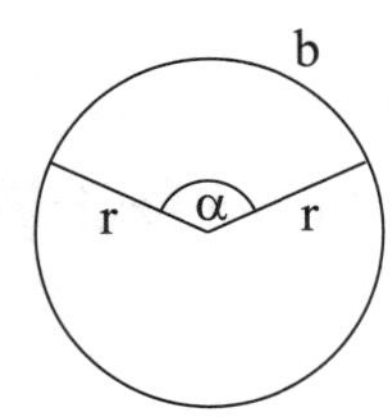

Kreisring

$A = \pi \cdot (r_1^2 - r_2^2)$

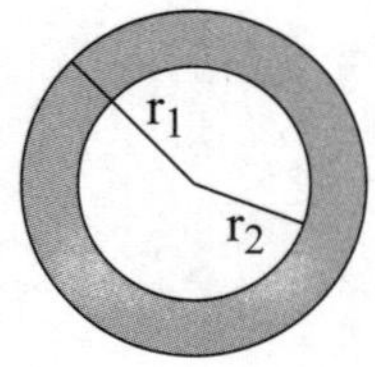

Körper

Würfel

$V = a^3$

$O = 6 \cdot a^2$

$d = a\sqrt{3}$

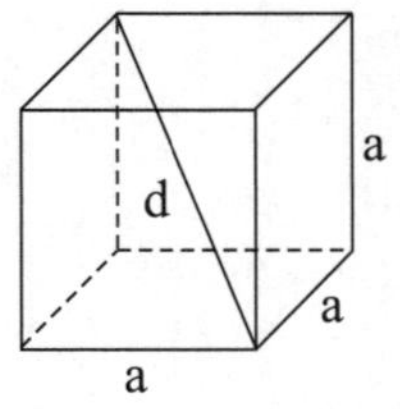

Quader

$V = a \cdot b \cdot c$

$O = 2(ab + ac + bc)$

$d = \sqrt{a^2 + b^2 + c^2}$

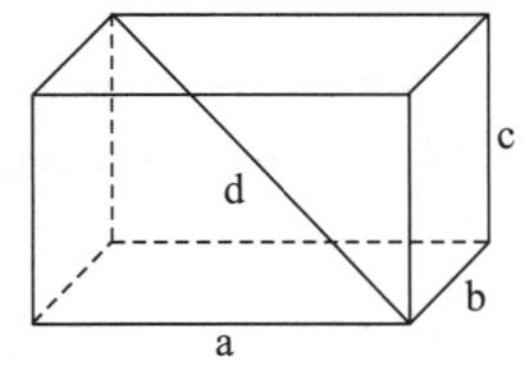

gerades Prisma

$V = G \cdot h_K$

$O = 2 \cdot G + M$

(G: Grundfläche;
M: Mantelfläche)

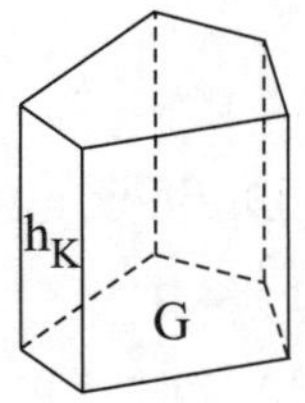

Zylinder

$V = \pi \cdot r^2 \cdot h_K$

$O = 2\pi r(r + h_K)$

$O = 2\pi r^2 + 2\pi r h_K$

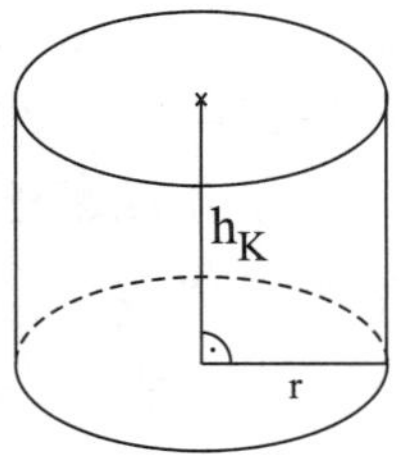

Pyramide
(quadratische)

$V = \frac{1}{3} \cdot G \cdot h$

$= \frac{1}{3} a^2 \cdot h_K$

$O = G + M$

$= a^2 + 2 \cdot a \cdot h_S$

(G: Grundfläche;
M: Mantelfläche)

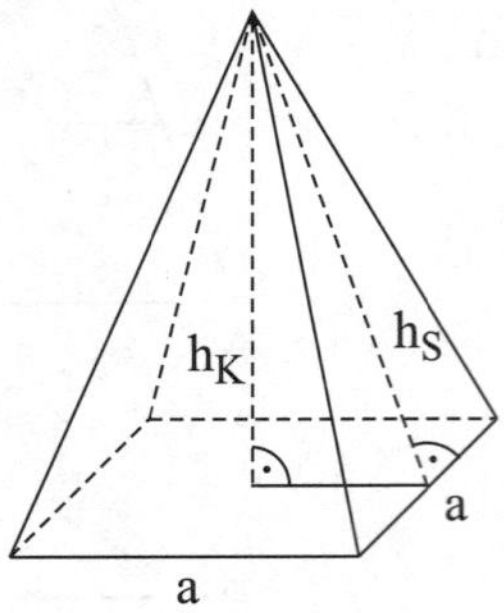

Kegel

$V = \frac{1}{3} \pi \cdot r^2 \cdot h_K$

$O = \pi r(r + s)$

$O = \pi r^2 + \pi rs$

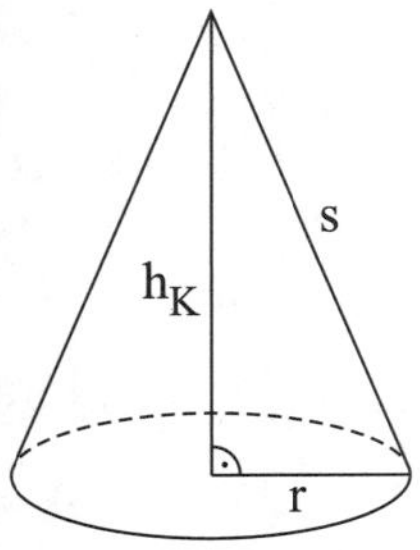

Kugel

$V = \frac{4}{3} \cdot \pi \cdot r^3$

$O = 4 \cdot \pi \cdot r^2$

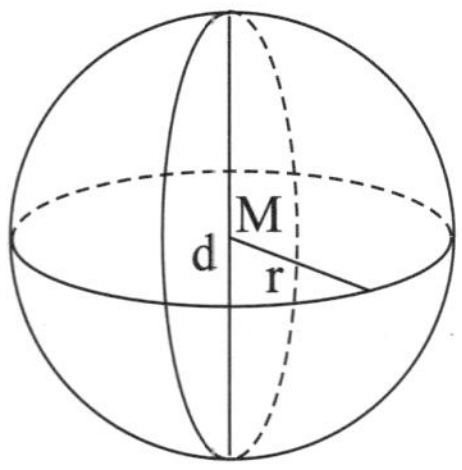

Quadratische Gleichungen

Normalform: $x^2 + px + q = 0$

p-q-Formel: $x_{1/2} = -\frac{p}{2} \pm \sqrt{\left(\frac{p}{2}\right)^2 - q}$

Pythagoras

Im rechtwinkligen Dreieck gilt:
$a^2 + b^2 = c^2$

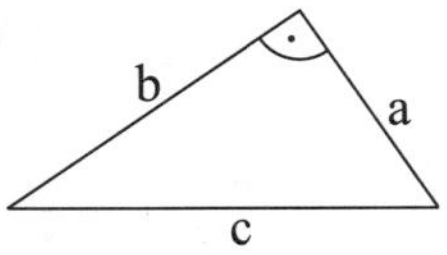

Binomische Formeln

I. $(a + b)^2 = a^2 + 2ab + b^2$

II. $(a - b)^2 = a^2 - 2ab + b^2$

III. $(a + b) \cdot (a - b) = a^2 - b^2$

Prozent- und Zinsrechnung

P_W: Prozentwert
G: Grundwert
p %: Prozentsatz/Zinssatz
K: Kapital
Z: Zinsen
i: Zeit

$P_W = \frac{G \cdot p}{100}$

$Z = \frac{K \cdot p}{100} \cdot i$

Trigonometrie

Im rechtwinkligen Dreieck gilt:

$\sin \alpha = \frac{\text{Gegenkathete}}{\text{Hypotenuse}}$

$\cos \alpha = \frac{\text{Ankathete}}{\text{Hypotenuse}}$

$\tan \alpha = \frac{\text{Gegenkathete}}{\text{Ankathete}}$

Im allgemeinen Dreieck gilt:

Kosinussatz: $a^2 = b^2 + c^2 - 2 \cdot b \cdot c \cdot \cos \alpha$

$b^2 = a^2 + c^2 - 2 \cdot a \cdot c \cdot \cos \beta$

$c^2 = a^2 + b^2 - 2 \cdot a \cdot b \cdot \cos \gamma$

Sinussatz: $\frac{a}{\sin \alpha} = \frac{b}{\sin \beta} = \frac{c}{\sin \gamma}$